Uddipta Ghosh
Debasish Das
Debargha Banerjee

Importância dos padrões de humidade na rega gota-a-gota

Uddipta Ghosh
Debasish Das
Debargha Banerjee

Importância dos padrões de humidade na rega gota-a-gota

ScienciaScripts

Imprint

Any brand names and product names mentioned in this book are subject to trademark, brand or patent protection and are trademarks or registered trademarks of their respective holders. The use of brand names, product names, common names, trade names, product descriptions etc. even without a particular marking in this work is in no way to be construed to mean that such names may be regarded as unrestricted in respect of trademark and brand protection legislation and could thus be used by anyone.

Cover image: www.ingimage.com

This book is a translation from the original published under ISBN 978-620-7-80738-3.

Publisher:
Sciencia Scripts
is a trademark of
Dodo Books Indian Ocean Ltd. and OmniScriptum S.R.L publishing group

120 High Road, East Finchley, London, N2 9ED, United Kingdom
Str. Armeneasca 28/1, office 1, Chisinau MD-2012, Republic of Moldova, Europe
Printed at: see last page
ISBN: 978-620-7-79531-4

Índice

Importância dos padrões de humidade na rega gota-a-gota

Dr. Uddipta Ghosh, Dr. Debasish Das e Sr. Debargha Banerjee

1. Introdução

1.1 Descrição do problema

Com o aumento da população no último século e a crescente pressão sobre a terra, o uso da terra tornou-se mais vulnerável aos efeitos dos fenómenos climáticos. De acordo com Fischer *et al.* (2007), as culturas de regadio representam atualmente cerca de 18 % do total das terras cultivadas e produzem cerca de 40 % da produção agrícola total. Desde 1960, a superfície das terras irrigadas em todo o mundo aumentou, a um ritmo de cerca de 2 % por ano, de 140 milhões de hectares (ha) em 1961/63 para 270 milhões de ha em 1997/99. As alterações na disponibilidade e na procura de água decorrentes das alterações climáticas afectarão a segurança das actividades alimentares e agrícolas no século XXI. A modificação dos padrões de precipitação e dos ciclos de armazenamento de água alterará a disponibilidade anual, interanual e sazonal de água para os sistemas agro-económicos terrestres e aquáticos. Na maioria das regiões do mundo, as alterações climáticas aumentarão a procura de irrigação devido à combinação da diminuição da precipitação com o aumento da evapotranspiração provocado por temperaturas mais elevadas. As alterações climáticas poderão ter um grande efeito nas necessidades de água para irrigação. Em todo o mundo, cerca de 70% do total das captações de água devem-se à irrigação. Isto representa mais de 90% da utilizaçªo consumptiva de Ægua. "Para os países em desenvolvimento, espera-se um aumento de 14% na retirada de água para irrigação até 2030" num estudo de Bruinsma (2003) em que os impactos das alterações climáticas não foram tidos em conta. Tal como referido por Bruinsma (2003), as "práticas que aumentam a produtividade da utilização da água de irrigação (produção da cultura por unidade de utilização de água) podem proporcionar um potencial de adaptação significativo no âmbito das futuras alterações climáticas". Por conseguinte, as melhorias da irrigação no futuro (técnicas ou tecnologias de irrigação modificadas, incluindo o momento e a quantidade) desempenharão um papel muito importante. Por outras palavras, a disponibilidade de água tanto para a produção de alimentos como para as necessidades ambientais e humanas concorrentes terá de ser assegurada (Bates *et al.,* 2008). A irrigação gota-a-gota oferece um grande potencial para melhorar a gestão da água, melhorando o rendimento e a qualidade das culturas utilizando menos água, e localizando as aplicações de fertilizantes e produtos químicos para aumentar a sua utilização eficiente e reduzir o risco de poluição. A rega gota-a-gota consiste na distribuição lenta e precisa de água às plantações seleccionadas. Utiliza tubos flexíveis de polietileno com dispositivos para gotejamento de água (emissores) e pulverizações de baixo volume. Os sistemas são fáceis de instalar, não requerem abertura de valas e as únicas ferramentas necessárias são tesouras de poda e um punção. A rega gota-a-gota mantém níveis de humidade quase perfeitos na zona das raízes das plantas, evitando as oscilações demasiado húmido/ demasiado seco típicas da rega aérea. Os sistemas de gotejamento são controlados manualmente ou por um temporizador automático e também podem ser utilizados para aplicar fertilizantes diretamente nas raízes das plantas. Os sistemas de gotejamento regam todos os tipos de paisagem: arbustos, árvores, canteiros perenes, coberturas de solo, plantas anuais e relvados. A rega gota-a-gota é a melhor opção para regar jardins de telhado, contentores em terraços e pátios, culturas em linha e hortas, pomares e vinhas. O objetivo de um sistema de rega eficiente é aplicar a água de forma a que a maior fração da mesma esteja disponível para utilização benéfica pela planta. Isto significa que a distribuição da água no solo deve melhorar e apoiar o desenvolvimento saudável e efetivo das raízes. No caso da rega aérea, como os sistemas de pivô central ou de aspersão, 100% da superfície do solo (ou copa da cultura) é molhada. No entanto, no caso dos sistemas de rega localizada, como os microaspersores ou a rega gota a gota, apenas uma parte da superfície do solo é molhada, o que é benéfico no sentido em que há menos perdas por evaporação da superfície do solo. A mistura de ar e água ao longo do plano vertical também varia em concentração, mas muda ao longo do tempo devido à redistribuição da água em resultado da gravidade ou da ação capilar. Quanto maior for a quantidade de água aplicada, maior será o volume molhado do solo, uma vez que mais poros do solo são preenchidos com água (Scholtz, 2003). Quando a água é aplicada ao solo a partir de uma fonte pontual, como na irrigação por gotejamento, existem duas forças que influenciam a distribuição da água. A ação capilar exercida pelos micro poros do solo e a gravidade. Os solos com alto teor de argila e silte têm mais micro poros por unidade de volume do que os solos arenosos. Por conseguinte, quanto maior for o número de microporos, é provável que a água se desloque mais horizontalmente (para os lados) devido à ação capilar do que verticalmente (para baixo) devido à gravidade. Em solos com elevado teor de argila e silte, o rácio largura/profundidade da distribuição de água será, portanto, maior do que em solos arenosos, se for aplicado o mesmo volume de água. A influência da descarga do emissor na distribuição lateral da água, no que diz respeito ao efeito da descarga de um gotejador na largura do padrão de humedecimento, tem obtido resultados contraditórios a nível local e internacional. No caso de solos mais arenosos, semelhantes aos tipicamente encontrados no Cabo, tem sido relatado que os gotejadores de menor descarga produzem uma melhor distribuição lateral de água. A distribuição de água no solo é fortemente dependente dos parâmetros de design do sistema de irrigação (espaçamento lateral de gotejamento, pressão do sistema, taxa de fluxo, tipo de emissor de gotejamento), condições climáticas, distribuição de raízes, tipo de solo, taxas de aplicação de água e vegetação. A irrigação é a aplicação artificial da água necessária para a cultura. É o fator de produção mais importante na agricultura. Diz-se que a revolução verde na Índia foi possível em grande parte devido à disponibilidade de água de irrigação. A produção agrícola, em especial a de cereais, tem aumentado ao longo dos anos de forma quase proporcional às instalações de irrigação criadas e utilizadas. Durante os últimos doze planos quinquenais, de 1950-51 a 2017-18, o potencial de irrigação aumentou a uma taxa de cerca de 342,30% (CWC, 2017& Jain *et al.*,2019) contra a produção de cereais de cerca de 500%(Acharya,2010).A água subterrânea contribuiu com cerca de 60% (Gandhi & Vaibhav, 2011) do aumento do potencial de irrigação pelo enorme número de poços tubulares na área irrigada(Gandhi & Vaibhav, 2011). Nalgumas áreas, a água subterrânea é a água mais facilmente disponível e os agricultores preferem utilizá-la porque, na maioria dos casos, a fonte de água está no seu campo e, ao mesmo tempo, têm a oportunidade de ter um controlo absoluto sobre a sua utilização. Esta oportunidade conduziu à sobre-exploração das águas subterrâneas. Os agricultores estão, em geral, habituados a cultivar as culturas de bom retorno sem muita consideração pela quantidade de água utilizada ou mesmo sem se preocuparem muito com a minimização das perdas de água no seu sistema de irrigação. Na Índia, cerca de dois terços da água desviada da fonte perde-se no transporte ou no sistema de irrigação de superfície (Biswas, 2015). A sobre-exploração das águas subterrâneas é considerada a causa da presença de arsénico, chumbo, flúor, etc., metais pesados na água de irrigação e, por conseguinte, na nossa cadeia alimentar. A área irrigada representa cerca de 48,80% dos 140,00 milhões de hectares (Mha) de terras agrícolas na Índia. Os restantes 51,20% são alimentados pela chuva. Em Bengala Ocidental, a área cultivável total é de cerca de 56 lakh hectares, o que corresponde a cerca de 63% da sua área geográfica e tem 62% de área de irrigação da área cultivada líquida. A água de irrigação tornou-se cada vez mais preciosa. Atualmente, o slogan popular é "cada gota mais colheita". Só o sector agrícola utiliza cerca de 80% dos nossos recursos hídricos utilizáveis. A utilização judiciosa da água de irrigação pode salvar-nos da frustração da produção agrícola, bem como dar-nos a possibilidade de satisfazer a procura crescente dos sectores doméstico e industrial. A necessidade de água de irrigação pode ser controlada ou reduzida através da seleção de culturas alternativas com baixa necessidade de água, sempre que as condições agro-climáticas e os hábitos alimentares gerais da população o permitam e/ou adoptando bons métodos e práticas de aplicação da água de irrigação, juntamente com uma gestão eficiente do solo e da água.

2.1 Irrigação por gotejamento

A rega gota-a-gota é um método eficiente de aplicação de água na base da planta a uma taxa quase igual à taxa de consumo da planta, minimizando assim as perdas convencionais de água como a percolação, o escoamento e a evaporação do solo. Trata-se de um processo de aplicação lenta de água sobre, acima ou abaixo do solo, através da superfície, subsuperfície, borbulhador e sistema de pulverização ou pulsação. O fertilizante também pode ser aplicado com a água de gotejamento. Os emissores ou aplicadores são colocados perto das plantas e utilizados para pulverizar a água sob a forma de gotas, pequenos jactos ou pulverização em miniatura. No sistema de gotejamento, a água aplicada a partir de uma fonte pontual avança em todas as direcções no solo, para fora da fonte. A rega gota a gota é essencialmente uma aplicação de água a baixa taxa, baixa pressão, frequente e de longa duração na zona das raízes das plantas (Biswas, 2015).

A rega gota-a-gota é o mais eficiente de todos os sistemas de rega em termos de energia e água. São comuns poupanças de água até 50% em comparação com a rega por aspersão (Lamont *et al.*2002). Idealmente, a água é aplicada na quantidade adequada ao torrão da planta, minimizando a lixiviação da água da zona radicular e minimizando a evaporação da água, uma vez que a água não é pulverizada para o ar (Shock, 2006; Lamont *et al.*2002; Haman e Smajstria, 2010; Schultheis, 2005). A água pode ser emitida a distâncias uniformes ao longo de um cano ou de um tubo com um emissor que direcciona a água para um volume de solo de uma planta.

No início dos anos 40, Symcha Blass, um engenheiro de Israel, observou que uma grande árvore perto de uma torneira com fugas apresentava um crescimento mais vigoroso do que as outras árvores da zona. Isto levou-o ao conceito de um sistema de rega que aplicaria água em pequenas quantidades, literalmente gota a gota. Os primeiros sistemas de rega gota-a-gota consistiam em tubos capilares de plástico de pequeno diâmetro (1,0 mm) ligados a tubos de 1,5 mm. Um dos aperfeiçoamentos feitos por Blass no seu sistema original foi o emissor em espiral. No início dos anos 60, experiências em Israel relataram resultados espectaculares quando aplicaram o sistema de Blass na área desértica do Negev e Arava. A unidade de rega gota-a-gota, nas suas diversas formas actuais, foi amplamente instalada nos EUA, Austrália, Israel, México e, em menor escala, no Canadá, Chipre, França, Irão, Nova Zelândia, Reino Unido, Grécia e Índia. Com o aumento da disponibilidade de tubos de plástico e o desenvolvimento de emissores em Israel, tornou-se desde então um importante método de rega na Austrália, Europa, Israel, Japão, México, África do Sul e Estados Unidos (INCID, 1994).

O método de irrigação por gotejamento ajuda a reduzir a exploração excessiva das águas subterrâneas que ocorre em parte devido ao uso ineficiente da água no método de irrigação por superfície. Os problemas ambientais associados com o método de irrigação por superfície, como o encharcamento da água e a salinidade, também estão completamente ausentes no método de irrigação por gotejamento (Narayanamoorthy, 1997).

O método de gotejamento ajuda a economizar água de irrigação, aumentar a eficiência do uso da água, diminuir a necessidade de lavoura, produtos de maior qualidade, aumentar a produtividade das culturas e aumentar a eficiência do uso de fertilizantes (Qureshi *et al.*, 2001; Sivanappan, 2002; Namara *et al.,* 2005). Sandhu *et al.* (2019) relataram que o trigo sob irrigação por gotejamento com sistema de retenção de resíduos mostrou um aumento significativo na produtividade de grãos de 23,10% em comparação com a irrigação por sulco sem resíduos.

A irrigação por gotejamento (trickle ou micro irrigação) é um sistema promissor para economizar a água de irrigação disponível. É também necessário gerir a água disponível de forma eficiente para uma produção máxima das culturas. A rega gota-a-gota pode fornecer água de forma precisa e uniforme com uma elevada frequência de rega em comparação com a rega por sulcos e por aspersão, aumentando assim potencialmente a produtividade, reduzindo a drenagem subsuperficial, proporcionando um melhor controlo da salinidade e uma melhor gestão das doenças, uma vez que apenas o solo é molhado enquanto a superfície da folha permanece seca (Hanson & May, 2007).

Uma das principais vantagens dos sistemas de rega gota-a-gota é o equilíbrio entre a água aplicada e a evapotranspiração da cultura, que reduz ao mínimo o escoamento superficial e a percolação profunda. Para um projeto de sistema de rega gota-a-gota perfeito, cerca de 40% da água de rega é poupada com uma eficiência de aplicação de 85%-95% em comparação com outros sistemas de rega. Os sistemas de gotejamento produzem uma maior relação de produtividade por unidade de área e produtividade por unidade de volume de água do que os sistemas típicos de irrigação por superfície ou por aspersão (Tagar *et al.,* 2012) relataram que o método de irrigação por gotejamento economizou 56,40% de água e deu 22,00% mais produtividade em comparação com o método de irrigação por sulco.

A irrigação por gotejamento é a técnica moderna para irrigar as culturas. Transporta a água apenas para a cultura, diminuindo o crescimento de ervas daninhas. O uso da irrigação por gotejamento é a técnica de irrigação de maior conservação de água, com pouca água de vento e evaporação. Por isso, o estudo apontou vários factores que os agricultores devem ter em atenção quando utilizam o sistema de rega gota-a-gota. Por outro lado, o entupimento dos emissores é considerado um grande problema com consequências importantes em termos de custos e produção. Portanto, as orientações técnicas para a gestão do sistema devem ser adoptadas e seguidas. Finalmente, a água é muito importante e necessária e deve ser colocada nas prioridades dos nossos planos económicos. Portanto, recomendamos o uso da irrigação por gotejamento devido às suas vantagens; racionalização no comportamento do consumo de água e redução da perda de uso da água; treinamento e reabilitação técnica dos agricultores no uso de tecnologias modernas em irrigação em termos de operação, manutenção e gerenciamento (Shareef *et al.,* 2019). As aplicações de água são direccionadas com precisão. Não são feitas aplicações entre linhas ou noutras áreas não produtivas. As operações de campo podem continuar durante a irrigação porque as áreas entre as linhas permanecem secas, resultando num melhor controlo das ervas daninhas e em menores custos de produção. Os fertilizantes podem ser aplicados eficientemente nas raízes através do sistema de gotejamento. A rega pode ser efectuada em terrenos variados e em condições de solo variadas. A erosão do solo e a lixiviação de nutrientes podem ser reduzidas (Marr e Rogers, 1993).

A aplicação frequente ou diária de água mantém os sais na água do solo mais diluídos e lixiviados para os limites exteriores da zona húmida, tornando a utilização de água salina mais prática (Jensen, 1993). A utilização da rega gota-a-gota é prática mesmo em campos que têm 5%-6% de declive sem erosão (Elobeid, 2006). A rega gota-a-gota não necessita de nivelamento, nem de drenagem, nem de outras operações de campo como a amontoa.

Aujla *et al.*, (2007) relataram que a eficiência do uso da água a 75%, que produziu a maior produção de frutos, foi de 109,9kg/ha-mm em comparação com 89,9kg/ha-mm em sulco alternado para 73,3kg/ha-mm em cada um dos sulcos de irrigação.

Yohannes e Tadesse (1998) descobriram que a eficiência do uso da água e os valores de eficiência de aplicação de irrigação foram maiores no sistema de gotejamento em comparação com o sulco. Sharmasarkar *et al.*, (2001) relataram que a eficiência do uso da água e a eficiência do uso de fertilizantes para a irrigação por gotejamento foram maiores do que a irrigação por inundação. Salvin *et al.*, (2000) observaram que a eficiência do uso da água foi consideravelmente maior na irrigação por gotejamento do que na irrigação por bacia. Narayanamoorthy (2003) relatou a eficiência do uso da água em até 90% na irrigação por gotejamento contra a eficiência de 30-40% no método de sulco. Shaker (2004) relatou a eficiência do uso da água de $4.5kg/m^3$ para a irrigação por gotejamento com $400m^3$ /fed /mês, $2kg/m^3$ para o método de superfície e $0.60kg/m^3$ para o gotejamento com $800m^3$ /fed/mês. Kode (2000) descobriu que a eficiência do uso da água no campo foi mais que o dobro no gotejamento (578,10kg/ha-cm) do que na irrigação de superfície (233,40kg/ha-cm). Muralikrishnasamy *et al.*, (2006) relataram que a alta eficiência do uso da água foi associada com a irrigação por gotejamento em comparação com a irrigação por superfície. Bosu *et al.*, (1995) relatou a máxima eficiência do uso da água através da irrigação por gotejamento.

As perdas de água por percolação profunda ou escoamento superficial serão reduzidas, possivelmente a quase zero, através da tecnologia de gotejamento, mas mais ET será usado pela planta para suportar o seu stress reduzido e maior rendimento. Sistemas de irrigação mais eficientes reduzem o desvio de água dos cursos de água e aumentam a produtividade e o rendimento bruto das culturas (Peterson, 2005).

El-Boraie *et al.*, (2009) descobriram que o maior valor de eficiência do uso da água foi obtido através da aplicação da irrigação por gotejamento com 100% da ET_c distribuída todos os dias. Cetin e Bilgel (2002) relataram que os valores de eficiência do uso da água foram comprovados em 4,87, 3,87 e 2,36kg / ha /mm para gotejamento, sulco e aspersão, respetivamente. Mateos *et al.*, (1991) relataram que a eficiência do uso da água foi 30% maior nos tratamentos de irrigação por gotejamento, indicando uma vantagem definitiva deste método sob abastecimento limitado de água.

Malakouti (2004) relatou que a eficiência do uso da água aumentou de $5.50kg/m^3$ na irrigação de superfície para $8.50kg/m^3$ para a irrigação por gotejamento, que é uma melhoria importante para a agricultura irrigada. Manickasundaram *et al.*, (2002) descobriram que a eficiência do uso da água foi de 20 a 60% maior em tratamentos de irrigação por gotejamento em comparação com o método de irrigação por superfície. Dagdelen *et al.*, (2009) relataram que a maior eficiência de uso da água de irrigação foi observada em 25% da depleção de água no solo sob gotejamento $(1,46kg/m^3$), e a menor eficiência de uso da água de irrigação foi no tratamento de 100% $(0,81kg/m^3$). Os resultados também demonstraram que a irrigação de algodão com o método de irrigação por gotejamento a 75% teve benefícios significativos em termos de economia de água de irrigação e grande eficiência de uso da água, indicando uma vantagem definitiva da irrigação deficitária sob condições limitadas de abastecimento de água.

Kode (2000) encontrou que a necessidade sazonal total na irrigação por gotejamento foi de 210cm em comparação com 402,0cm no tratamento de irrigação por superfície, indicando 50,50% de economia de água na irrigação por gotejamento. Bashour e Nimah (2004) relataram que a irrigação por gotejamento economiza cerca de 50% da água utilizada na irrigação por superfície. Fulton *et al.*, (1991) relatou que mais água foi aplicada com o sistema de sulcos comparado com o sistema de gotejamento. Styles *et al.*, (1997) descobriu que o sistema de sulco aplicou 98mm mais água comparado com o sistema de gotejamento. Manickasundaram *et al.*, (2002) relataram que a economia de água na irrigação por gotejamento programada em 50% da irrigação de superfície foi de 48,4% em comparação com o método de irrigação de superfície. Hassanli *et al.*, (2009) relataram que a economia máxima de água foi obtida usando irrigação por gotejamento com 5907 m^3 /ha de água aplicada e a economia mínima de água foi obtida usando sulco com 6822 m^3 /ha. Aujla *et al.*, (2007) relatou uma economia de 25% de água na irrigação por gotejamento em comparação com a irrigação por sulco. Francisco *et al.,* (1995) relatou que o uso consuntivo de irrigação por sulco foi 12,50% maior do que a irrigação por gotejamento.

Alguns estudos foram feitos para comparar a irrigação por gotejamento com a irrigação por superfície. Mohammad *et al.,* (2010) comparou diferentes tipos de técnicas de irrigação e revelou que os métodos de irrigação por gotejamento e aspersão foram mais eficazes e eficientes do que a irrigação por superfície para melhorar a produtividade da terra. Bogle e Hartz (1986) descobriram que a irrigação por sulco e por gotejamento produziu um rendimento e qualidade semelhantes para o muskmelon; no entanto, a chuva antes e durante a colheita pode ter mascarado os efeitos do tratamento no teor de sólidos solúveis. Dengiz (2006) concluiu que o método de irrigação por gotejamento aumentou a aptidão da terra em 38% em comparação com o método de irrigação por superfície. Também alguns pesquisadores citados por Dastane (1980) afirmaram que irrigações mais frequentes dão maior produtividade do que um menor número de aplicações de água. Foi afirmado que há uma melhor absorção de nutrientes e menores perdas por lixiviação a cada ciclo mais elevado. Liu *et al.,* (2006) relataram que a irrigação por gotejamento era mais adequada do que a irrigação por superfície devido ao menor impacto ambiental que causava. Kuruppuarachchi (1981) comparou o cultivo de banana sob irrigação por gotejamento e irrigação por superfície. Foi relatado que a produtividade e a eficiência de irrigação sob irrigação por gotejamento foi de 18% e 30%, respetivamente, maior do que a irrigação por superfície. Thadchayini e Thiruchelvam (2005) relataram a maior produtividade de banana 41t/ha no gotejamento que foi 31% maior do que na irrigação por superfície. Srinivas e Hegde (1990) relataram que em estudos de irrigação por gotejamento em bananeiras cultivadas em solos arenosos e argilosos bem drenados resultou em um melhor crescimento das plantas, floração mais precoce, maior produção de frutos e aumento da eficiência do uso da água em comparação com a irrigação por bacia. Hegde e Srinivas (1991) relataram que houve um aumento na produção de banana sob gotejamento (83.8t/ha) do que a irrigação por bacia (73.5t/ha). O peso do cacho e dos dedos também foi maior no gotejamento. As plantas eram mais altas 3% e floresceram 15 dias mais cedo sob o sistema de gotejamento do que sob a irrigação por bacia. Hegde e Srinivas (1990) relataram que houve um aumento significativo na produtividade da banana com irrigação por gotejamento (84t/ha) em comparação com o sistema de bacia (79t/ha), devido a diferenças significativas no peso do cacho, principalmente devido ao aumento significativo do peso fino. As plantas de banana sob irrigação por gotejamento floresceram 13 dias mais cedo do que aquelas sob irrigação por bacia. Cevik *et al.*, (1988) comparou os sistemas de irrigação por gotejamento e por bacia em pomares de banana na costa sul da Turquia. Os resultados revelaram que a produtividade foi maior na irrigação por gotejamento em comparação com o método de bacia.

Kode (2000) conduziu um experimento sobre o efeito de fertilizantes solúveis em água aplicados por gotejamento no crescimento, produtividade e qualidade da banana. O resultado indicou que a produção de frutos aumentou em 16,3% sob irrigação por gotejamento (84,43kg/ha) em comparação com a irrigação de superfície (72,61kg/ha). Mahmoud (2006) usou três níveis de irrigação por gotejamento: 40%, 60% e 80% da evaporação comparada com a irrigação de superfície para parâmetros de qualidade e produtividade. O nível de irrigação de 40% (674mm por ano) na cultura principal melhorou substancialmente o crescimento, o cacho, os dedos e a qualidade dos frutos com redução na duração da cultura e maior disponibilidade de nitrogênio no solo, fósforo e potássio. Mas na cultura da soqueira, observou-se que o nível de irrigação de 60% (1187 mm por ano) foi o mais económico e eficaz na obtenção dos melhores caracteres de cacho e dedos, qualidade do fruto e diminuição dos dias de rebentação que, subsequentemente, reduziram a duração total da cultura e mantiveram maior disponibilidade de azoto, fósforo e potássio no solo.

Narayanamoorthy (2003) conduziu um estudo sobre a prevenção da crise hídrica através do método de irrigação por gotejamento para a cultura de água intensiva e relatou a diferença de produtividade entre as culturas irrigadas por gotejamento e não irrigadas por gotejamento chega a cerca de 27,3t/ha para a cana-de-açúcar e cerca de 15,3t/ha para a banana. Isto é, o ganho de produtividade devido ao método de irrigação por gotejamento é de cerca de 25% na cana de açúcar e 29% na banana.

Salvin *et al.*, (2000) relataram que o maior peso do cacho (14,26kg) e a produtividade de 44t/ha foram observados sob irrigação por gotejamento a 75% de evaporação em comparação com a irrigação por bacia na banana Cavendish cv. Também melhorou o crescimento, brotação precoce e maior produtividade sob irrigação por gotejamento.

Raina *et al.*, (1998) verificaram o efeito da irrigação por gotejamento e cobertura plástica em comparação com a irrigação de superfície na produtividade de vagens verdes e eficiência do uso da água na ervilha. Eles usaram diferentes níveis de irrigação baseados na evaporação da panela, panela e fatores da cultura. A irrigação por gotejamento deu maior produtividade (9t/ha) em comparação com a irrigação por superfície (6t/ha).

Clark (1979) comparou a eficiência relativa da irrigação por gotejamento, aspersão e sulco para a produção de milho no Texas. Ele encontrou eficiência no uso da água de 014, 11.9 e 11.5kg/ha-mm com os três sistemas respectivos.

Khalid (1999) comparou o sistema de irrigação por gotejamento e por sulco sob as mesmas condições em duas variedades de quiabo. A maior produtividade foi obtida usando a irrigação por gotejamento em comparação com a irrigação por sulco.

Shaker (2004) conduziu um estudo sobre o efeito do sistema de irrigação por gotejamento em duas variedades de feijão Phaseolus em condições de campo aberto no Sudão. Ele usou três níveis de água de irrigação 800m^3 /fed/mês por irrigação de superfície. 800m^3 /fed /mês por irrigação por gotejamento e 400m^3 /fed /mês por irrigação por gotejamento. A maior produtividade foi de 492kg/fed, 136kg/fed e 522kg/fed, respetivamente.

Manickasundaram *et al.*, (2002) avaliaram a eficiência do sistema de irrigação por gotejamento em tapioca. Os resultados revelaram que a programação da irrigação por gotejamento uma vez a cada dois dias a 100% do método de irrigação por superfície registrou a maior produtividade média de tubérculos de 58,70t/ha, que foi significativamente superior à irrigação por superfície programada na razão de 0,60 IW/CPE. Howell *et al.* (1989) compararam os métodos de gotejamento e sulco para a produtividade do algodão. Eles descobriram que não houve diferenças de produtividade entre a irrigação por gotejamento e por sulco. Eles também relataram que 650mm de água de irrigação foram necessários para obter uma produtividade máxima. Por outro lado, Mateos *et al.*, (1991) obtiveram 5 e 3t/ha de produtividade de algodão para os métodos de irrigação por gotejamento e sulco, respetivamente. Yohannes e Tadesse (1998) conduziram um estudo para investigar o efeito da irrigação por gotejamento e por sulco na produtividade do tomate. A maior produtividade foi obtida com a irrigação por gotejamento em comparação com a irrigação por sulco. Cetin e Bilgel (2002) relataram o efeito de três métodos de irrigação (sulco, aspersão e gotejamento) na produtividade do algodão. A produtividade máxima foi de 4380, 3630 e 3380kg/ha para gotejamento, sulco e aspersão, respetivamente. Styles *et al.*, (1997) relataram que o rendimento do algodão do sistema de gotejamento foi 16% maior do que o do sistema de sulco. Fulton *et al.*, (1991) descobriu que a produtividade do algodão foi 163kg/ha maior para o sistema de gotejamento do que para o sistema de sulco. Tekinel *et al.*, (1989) descobriu que a maior produtividade foi alcançada nos tratamentos de irrigação por gotejamento. No entanto, outros métodos alcançaram produtividade similar sob certas condições, mas com menor eficiência no uso da água.

Hassanli *et al.* (2009) conduziram um estudo para avaliar o efeito de três métodos de irrigação [gotejamento subsuperficial (SSD), gotejamento superficial (SD) e irrigação por sulco (FI)] na produtividade, economia de água e eficiência do uso da água de irrigação (IWUE) no milho. A maior produtividade foi obtida com SSD e a menor foi obtida com o método FI.

Tiwari e Singh (2003) usaram três níveis de irrigação por gotejamento que foram aplicados a 100%, 80% e 60% da necessidade de irrigação estimada. O estudo revelou 62% maior produtividade na irrigação por gotejamento em comparação com a irrigação por sulco. A maior produtividade por unidade de quantidade de água utilizada foi de 427kg/ha-mm para cada um dos 60% de tratamento.

Mustafa e Mohamed (2008) realizaram um ensaio para estudar o efeito da irrigação por gotejamento em intervalos de um, dois e três dias em comparação com a irrigação de superfície a cada seis dias no morango. Eles relataram produtividade de 80, 69, 37 e 30 g/planta, respetivamente. A irrigação a cada um e dois dias deu maior crescimento vegetativo e produtivo. A quantidade total de água aplicada na irrigação por gotejamento durante as duas estações de crescimento foi de 428mm e 337mm respetivamente, enquanto que na irrigação por superfície foi de 1600mm e 1360mm para a primeira e segunda estações, respetivamente.

Aujla *et al.* (2007) relataram os efeitos de diferentes níveis de nitrogênio (N) e água aplicados através de gotejamento e irrigação por sulco na produção de frutos de berinjela. Na presente investigação de campo, o plantio em cumeeira com cada sulco e irrigação por sulco alternado foram comparados com a irrigação por gotejamento em três níveis de água: 100%, 75% e 50% de cada sulco de irrigação. A maior produtividade sob gotejamento foi obtida no tratamento de 75%, que foi 23% maior em comparação com a produtividade máxima obtida em cada sulco de irrigação.

2.1.1 Princípios

A microirrigação é um termo geral, amplamente definido e significa a aplicação lenta de água à superfície ou abaixo da superfície do solo. Também pode ser chamada de irrigação localizada, para enfatizar que apenas parte do volume do solo é molhado (Lamm et al., 2007). Os sistemas de micro-irrigação podem ser classificados como sistemas de gotejamento superficial, gotejamento subsuperficial, bubbler e microaspersores. A rega gota-a-gota é, de acordo com a ASAE, 2007, definida como um "método de micro-irrigação em que a água é aplicada à superfície do solo sob a forma de gotas ou pequenos fluxos através de emissores. As taxas de descarga sªo geralmente inferiores a 8 L/h para emissores de saída ½nica e a 12 L/h por metro para emissores de linha". Na literatura, a rega gota-a-gota é usada indistintamente com a rega gota-a-gota. Após a Segunda Guerra Mundial, o desenvolvimento tecnológico em escala industrial surgiu com a "revoluçªo plÆstica", inicialmente em estufas na Inglaterra, entre 1945-1948 e mais tarde em Israel e nos EUA (Dasberg e Or, 1999). O equipamento para instalar gotejamento subterrâneo foi desenvolvido na dØcada de 1970. Na mesma época, sistemas de irrigação por gotejamento superficial, incluindo injeção de fertilizantes, estavam sendo desenvolvidos em Israel. Quando a tubulação e os emissores de gotejamento se tornaram mais confiáveis, os sistemas de irrigação por gotejamento de superfície cresceram a uma taxa maior do que os sistemas de subsuperfície. Isto foi devido a problemas com a intrusão de raízes e entupimento dos emissores (Camp, 1998). Após Reinders, 2007, a área irrigada por microirrigação no mundo aumentou de 436.590 ha em 1981 para mais de 6.089.534 ha em 2006.

2.1.2 Conceção

Os sistemas de rega gota-a-gota são concebidos para transportar água desde a fonte até à cultura, através de uma rede de distribuição de tubos e dispositivos de emissão de água. O objetivo geral do projeto de um sistema de rega gota-a-gota é fornecer água de forma eficiente e uniforme a uma cultura, para ajudar a satisfazer as necessidades de evapotranspiração (ET). Ao mesmo tempo, manter o conteúdo de água desejado na profundidade da zona radicular, o que aumenta a produtividade e a qualidade da cultura, é de grande importância (Lamm *et al.*, 2007; FAO, 2002a). Quando o campo é cultivado, a água pode ser perdida da superfície do solo e da vegetação húmida através da evaporação (E). O processo é afetado por factores climatológicos como a radiação solar, a temperatura do ar, a humidade do ar e a velocidade do vento. O segundo processo de perda de água é designado por transpiração (T), em que a água líquida dos tecidos das plantas se vaporiza para a atmosfera através dos estomas, localizados nas folhas das plantas. A transpiração, tal como a evaporação, depende do fornecimento de energia, do gradiente de pressão de vapor e do vento. A temperatura do ar, a humidade do ar, a radiação solar e a velocidade do vento devem ser consideradas ao avaliar a transpiração. A taxa de transpiração é também determinada por muitos outros factores, como as características das culturas, as práticas de cultivo, os aspectos ambientais, a salinidade do solo, o encharcamento e o teor de água do solo, bem como a sua capacidade de transportar água para as raízes das plantas. A combinação dos dois processos acima mencionados, em que a água se perde por evaporação da superfície do solo, por um lado, e por transpiração de uma planta, por outro, é denominada evapotranspiração (ET). A evaporação e a transpiração ocorrem em conjunto e não é fácil distinguir entre elas. No início do crescimento da cultura, enquanto a cultura é pequena, o principal processo é a evaporação. Mais tarde, no desenvolvimento da cultura, ou quando esta está totalmente desenvolvida, cobre completamente o solo e então a transpiração torna-se o processo predominante. Estima-se que, aquando da sementeira da cultura, 100% da ET total provém da evaporação. Mas quando a cultura desenvolve a sua cobertura total, a evaporação representa apenas cerca de 10% da ET e a transpiração os restantes 90%. As necessidades hídricas das culturas englobam a quantidade total de água utilizada na evapotranspiração (FAO, 2002b). As necessidades de irrigação (IR) referem-se à água que deve ser fornecida através do sistema de irrigação para garantir que a cultura receba todas as suas necessidades hídricas. Neste caso, a *ETc* (necessidades hídricas da cultura) tem de ser calculada multiplicando a ET_o (evapotranspiração da cultura de referência), que é definida como a evapotranspiração de uma superfície de referência, sem falta de água, pelo coeficiente da cultura (*Kc*), que varia consoante a cultura, a sua fase de crescimento, a estação de crescimento e as condições meteorológicas. Se a irrigação for a única fonte de abastecimento de água para a planta, a necessidade de irrigação será sempre maior do que a necessidade de água da cultura para permitir ineficiências no sistema de irrigação. Se a cultura recebe alguma da sua água de outras fontes (chuva, água armazenada no solo, infiltração ascendente, etc.), então as necessidades de rega podem ser consideravelmente menores do que as necessidades de água da cultura. (Dorenbos *et al.*, 1984; FAO, 2002b). Uma vez consideradas as necessidades de rega da cultura, pode ser preparada a programação da rega. A programação tem que integrar todos os elementos do projeto hidráulico do sistema e manutenção com vários aspectos do solo e as características da cultura com a demanda evaporativa atmosférica. Em suma, a programação da irrigação por gotejamento é controlada pela medição ou estimativa das necessidades de água da cultura, estado da água no solo e propriedades do estado da água da planta (Lamm *et al.*, 2007). Como observado na FAO (2002a), muitos factores influenciam o movimento da água no solo, a sua capacidade de retenção de água e a capacidade da planta para usar a água, o sistema de irrigação por gotejamento utilizado tem de corresponder à maioria deles. Um sistema de irrigação por gotejamento bem projetado deve fornecer a mesma disponibilidade de água no solo para todas as plantas no campo irrigado com alta eficiência de irrigação (na ASAE, 2007 é definido como a relação entre a profundidade média de água de irrigação que é beneficamente utilizada e a profundidade média de água de irrigação aplicada, expressa em percentagem). A distribuição de água, através de sistemas de rega gota-a-gota, pode ser aplicada como uma fonte de linha ou fonte pontual, tanto para fitas como para tubos. As fontes de linha aplicam a água num padrão contínuo ou quase contínuo ao longo do comprimento da lateral. Nesta categoria estão as mangueiras ou tubos porosos (emissores em linha) em que toda a parede do tubo é uma superfície de infiltração (e filtração), bem como as fitas gota-a-gota com pontos de emissão muito espaçados (por exemplo, 15-30 cm) cujos padrões de aplicação de água se sobrepõem. Os tubos de gotejamento de polietileno, com emissores de gotejamento em linha, incorporados ou fundidos, são os mais utilizados. Mangueiras emissoras de paredes finas e dobráveis, também chamadas de fitas gotejadoras, são usadas para irrigar culturas anuais, mas raramente são usadas para irrigação de culturas permanentes porque essas linhas gotejadoras não têm a longevidade necessária. Os emissores pontuais podem ser agrupados com base nas suas características de caudal. Linhas de gotejamento de paredes finas com emissores espaçados periodicamente infiltram após a pressurização. Os espaçamentos entre emissores variam de 50 mm a 1m. A combinação da taxa de descarga do emissor e do espaçamento do emissor determina a taxa de descarga do tubo gotejador (L/h-100 m). A descarga de água dos pontos de emissão que estão espaçados mais de 1 m (geralmente 1 m ou mais) é chamada de aplicação pontual. A água descarregada a partir de saídas estreitamente espaçadas é designada por aplicação em linha. Estes dispositivos aplicam água em pontos discretos e pode ou não ocorrer sobreposição entre padrões de humedecimento, dependendo do espaçamento entre emissores, da duração da rega e do caudal do emissor (Evans *et al.*, 2007; Lamm *et al.*, 2007). Os passos preliminares do projeto incluem, portanto: determinação das necessidades hídricas das culturas, necessidades de rega, necessidades de lixiviação, percentagem de área molhada, número de emissores por planta e espaçamento entre emissores, frequência e duração da rega, seleção de emissores, uniformidade de emissão do projeto e variação de pressão permitida (FAO, 2002a).

2.1.3 Irrigação por gotejamento de superfície (SD)

Os sistemas de irrigação por gotejamento superficial têm sido usados principalmente para a irrigação de culturas perenes amplamente espaçadas, mas hoje eles podem ser usados para culturas anuais também. Os componentes típicos dos sistemas de rega gota-a-gota de superfície são filtros, válvulas de controlo e de sistema, sistemas de injeção, condutas subterrâneas e outros componentes, como se mostra na Figura 2.1 (Lamm *et al.*, 2007).

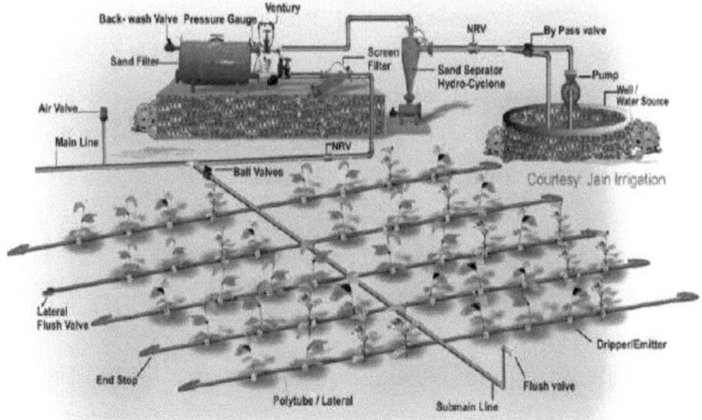

**Fig. 2.1 Esquema de rega gota a gota e suas partes
(Fonte: http://en.wikipedia.org/wiki/File:Dripirrigation.gif)**

2.1.4 Vantagens e desvantagens dos sistemas de rega gota-a-gota de superfície

Como descrito por Lamm *et al.* (2007) e Keller e Bliesner (1990) a irrigação por gotejamento superficial, quando comparada com outros sistemas de irrigação, tem muitas vantagens, tais como Aumento da eficiência do uso da água, melhoria da gestão da água (a irrigação por gotejamento superficial tem menores perdas por evaporação do que a irrigação por superfície, aspersão ou microaspersão, porque uma menor área de superfície é molhada), melhoria do estabelecimento da cultura (uma irrigação por gotejamento superficial é ideal para o estabelecimento de pomares e vinhas, porque os emissores podem direcionar a água para a zona limitada da raiz das árvores jovens), produtividade e qualidade da cultura (porque os sistemas de gotejamento superficial molham apenas uma proporção do solo, A rega até à altura da colheita é possível), melhor controlo de ervas daninhas (o controlo de ervas daninhas é muito mais fácil com sistemas de rega gota-a-gota de superfície do que com sistemas de rega de cobertura total ou aspersores), melhor rendimento e qualidade das culturas (o conteúdo de água no solo na zona das raízes é constante porque a água é aplicada lenta e frequentemente), redução do uso não benéfico (as necessidades de água são menores do que com os métodos tradicionais de rega, devido à irrigação de um volume menor de solo, diminuição da evaporação superficial, redução ou eliminação do escoamento superficial e redução da percolação profunda), redução da percolação profunda (a irrigação por gotejamento oferece grandes oportunidades para reduzir as perdas ao mínimo), melhoria na aplicação de fertilizantes e outros produtos químicos (fertilizantes, herbicidas, inseticidas, fungicidas, rodenticidas, nematocidas, reguladores de crescimento e dióxido de carbono podem ser eficientemente aplicados para melhorar a produção agrícola), custos mais baixos (os sistemas de rega gota-a-gota são frequentemente mais baratos quando comparados com os sistemas de rega por microaspersão ou aspersão, redução dos problemas com insectos (os sistemas de rega gota-a-gota são menos susceptíveis de serem obstruídos por insectos do que os microaspersores, devido às aberturas de descarga mais pequenas) e redução das necessidades energéticas (como as pressões de funcionamento são baixas, os custos energéticos da bombagem de água podem ser reduzidos). Os sistemas de rega gota-a-gota de superfície também têm desvantagens (Lamm *et al.*, 2007; Keller e Bliesner, 1990). Os elevados custos do sistema (redes laterais extensas e equipamento de apoio, como válvulas, controladores e filtros, tornam os sistemas de rega gota-a-gota inicialmente caros. Os custos reais podem depender da cultura, dos atributos específicos do projeto do sistema, do equipamento de filtragem ou da automatização. Os custos operacionais são comparáveis aos de outros sistemas de rega pressurizada), humedecimento limitado da zona radicular da cultura (podem ocorrer dificuldades em atingir um volume suficiente de solo molhado), limitações das culturas de cobertura (se a precipitação for baixa, a rega gota-a-gota de superfície pode excluir a utilização de culturas de cobertura), requisitos de manutenção persistentes (os emissores dos sistemas de rega gota-a-gota de superfície têm passagens de fluxo mais pequenas do que os sistemas de rega por microaspersão e, portanto, são mais facilmente obstruídos), requisitos de manutenção extensivos (o entupimento total ou parcial ainda representa um problema sério. Também podem ocorrer danos nas tubagens e noutros componentes (roedores) ou alho-porro), potencial para excesso de percolação profunda (porque as necessidades de água das culturas são aplicadas a um pequeno volume de solo, podem ocorrer perdas por percolação profunda), dificuldades na inspeção visual (os problemas de entupimento são difíceis de detetar através de inspeção visual), dificuldades de limpeza (se o emissor ficar entupido é quase impossível limpá-lo), capacidades mínimas de proteção contra a geada, acumulação de sais perto das plantas (se forem utilizadas águas de elevada salinidade, os sais tendem a acumular-se à superfície do solo e ao longo das bordas dos padrões de humedecimento) e desenvolvimento radicular restrito (o desenvolvimento radicular pode ser limitado ao volume de solo molhado perto de cada emissor ou ao longo de cada linha lateral, porque a água é aplicada a uma parte específica de um volume de solo ocupado por uma planta).

2.2 Distribuição da água no solo sob rega gota-a-gota de superfície

2.2.1 Introdução

Factores como a hidráulica do solo, a quantidade de água e as propriedades da cultura têm uma forte influência na seleção dos emissores, no seu espaçamento e no tamanho do tubo. Com base nisto, é claro que a informação sobre as dimensões da zona molhada no solo que se forma por baixo do(s) emissor(es) é um pré-requisito importante no início do processo de conceção da rega gota-a-gota.

2.2.2 Importância do volume molhado

As distâncias entre os emissores ao longo das laterais têm de ser adaptadas às necessidades hídricas das culturas. As distâncias devem basear-se nas propriedades hidráulicas do solo e na taxa de descarga do emissor (Q). O conhecimento sobre a forma do volume de solo molhado em relação às necessidades hídricas máximas da cultura, à extensão da zona radicular da cultura e à frequência de rega pode ser considerado como um objetivo de design unificador para várias disposições de emissores, descargas e espaçamentos. A absorção de água pelas raízes das plantas durante a infiltração da água no solo é, na fase de projeto, normalmente negligenciada (Dasberg e Or, 1999). A seleção do espaçamento ótimo entre emissores não é uma questão fácil, tendo em conta todas as variáveis (que normalmente têm relações não lineares) envolvidas. Nos últimos anos foram desenvolvidos vários modelos matemáticos e analógicos de base física para ajudar a estimar as dimensões dos padrões de humedecimento a partir de uma fonte pontual. Na fase de instalação do sistema de rega gota-a-gota de superfície, a colocação dos emissores acima da superfície do solo provoca a infiltração de água numa área muito pequena em comparação com a área total da superfície do solo. De acordo com Vermeiren e Jobling, (1984), Cote et al. (2003), Gardenas *et al.* (2005), Skaggs et al. (2010), a forma do volume de solo molhado sob um único emissor de gotejamento é influenciada pelas propriedades hidráulicas do solo, textura do solo, estrutura do solo, camadas impermeáveis no perfil do solo e anisotropia, tais como permeabilidade horizontal e vertical. O molhamento e a secagem do solo são processos contínuos em condições de cultivo. Neste caso, os padrões de conteúdo de água no solo dependem também da gestão da água (volume de água aplicado por irrigação, taxa de aplicação, frequência de irrigação), distância do emissor (número de gotejadores), colocação do gotejador (acima ou abaixo da superfície do solo), conteúdo inicial de água no solo e posicionamento lateral em relação à linha de plantas. De acordo com Benami e Ofen (1995) a zona molhada abaixo da superfície do emissor pontual consiste em três fases (Figura 2.4). Em torno e sob o emissor pontual forma-se uma zona de transição em que o teor de água do solo está próximo da saturação e o solo é pouco arejado. À volta da zona de transição forma-se uma zona húmida. Nesta zona, o espalhamento da água é regido por capilaridade e forças gravitacionais e o teor de água diminui com a distância da fonte pontual. A terceira zona é a frente de humedecimento, onde o teor de água do solo é igual ao teor de água inicial.

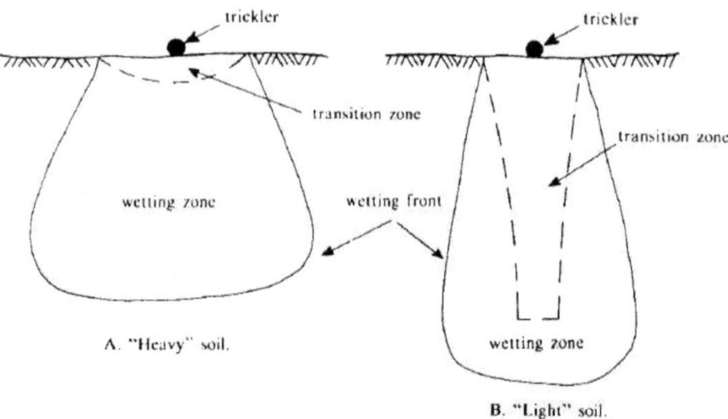

Fig. 2.2 Fases da distribuição de água no perfil do solo para dois tipos de solo a partir de um emissor pontual com uma baixa taxa de descarga (Benami e Ofen, 1995)

Tal como referido por Lamm et al. (2007), a monitorização, gestão e modelação da distribuição de água no solo em condições de cultivo requer também informação sobre os padrões de absorção de água pelas raízes das plantas. Os padrões de absorção de água pelas raízes influenciam a distribuição da água no perfil do solo e são essenciais para obter informações fiáveis sobre a distribuição da água e do potencial matricial no volume de solo molhado. A informação sobre a absorção de água pelas raízes é importante para o projeto de rega gota-a-gota. O espaçamento entre emissores do sistema de irrigação, a uniformidade de aplicação e a taxa de descarga devem ser compatíveis com a extensão do sistema radicular da planta.

O conhecimento adquirido em outros sistemas de irrigação não pode ser diretamente aplicado à irrigação por gotejamento. Normalmente, devido à falta de recursos financeiros ou de tempo, é difícil realizar experimentos com todos os possíveis fatores de projeto de irrigação por gotejamento e estratégias de programação sob condições específicas de campo para determinar o melhor umedecimento do solo. Por isso, os cientistas desenvolveram vários modelos para descrever a dinâmica da água no solo que podem ser usados para avaliar uma série de possíveis estratégias de irrigação por gotejamento. As estratégias de modelagem mais promissoras podem ser selecionadas e testadas em condições de campo. Lubana e Narda (2001) e mais recentemente Subbaiah (2011) apresentaram uma extensa revisão de modelos de dinâmica da água no solo durante a irrigação por gotejamento. Eles apontaram que ainda existem lacunas de conhecimento no campo da dinâmica da água no solo sob irrigação por gotejamento. Possíveis melhorias neste tópico incluem mais experiências de campo para complementar o progresso da modelação.

2.2.3 Influência da conceção e gestão do sistema de gotejamento na distribuição da água no solo

Wang et al. (2006) realizaram uma pesquisa sobre o efeito da frequência da irrigação por gotejamento no crescimento da batata e nas dimensões dos padrões de molhamento. Ele usou seis diferentes estratégias de irrigação por gotejamento (irrigação uma vez por dia (N1), uma vez a cada dois dias (N2), uma vez a cada três dias (N3), uma vez a cada quatro dias (N4), uma vez a cada seis dias (N6) e uma vez a cada oito dias (N8)). Foi aplicada a mesma quantidade de água em todas as frequências estudadas. Os resultados mostraram que a distribuição da água, a profundidade do solo molhado e a distância do emissor foram afectadas pelas diferentes frequências de rega. A distribuição da água variou com a fase de crescimento da batata. No meio do período de crescimento da batata, a uma profundidade superior a 30 cm, a diminuição da frequência de rega aumentou as variações do teor de água. Durante os últimos estágios de crescimento, o tratamento N8 mostrou maior variação na profundidade de 50 - 90 cm em comparação com outros tratamentos. Isto aconteceu devido à maior duração da aplicação de água, que prolongou o padrão de humedecimento do solo na direção horizontal. Além disso, mais água foi esgotada a essa profundidade devido a um sistema radicular mais denso. Uma maior frequência de rega provocou uma maior densidade de comprimento de raiz na profundidade do solo de 0 - 60 cm e uma menor densidade do sistema radicular a 0 - 10 cm. Os resultados também mostraram que a redução da frequência de rega (de N1 para N8) resultou numa redução significativa da produtividade.

Li *et al.* (2003) estudaram o efeito de um emissor pontual de superfície Q e do volume de água aplicado na forma da área molhada num solo argiloso. As taxas de descarga do emissor variaram de 0,6 a 7,8 L/h. Os resultados mostraram que a frente de humedecimento se moveu rapidamente no início e abrandou com o aumento do tempo. O raio molhado saturado na superfície do solo aumentou com o aumento da taxa de descarga. O raio molhado e a profundidade na superfície do solo foram proporcionais ao volume de água aplicado. O raio da zona de entrada da água saturada aumenta com o aumento do tempo e, após cerca de 3,5 h, aproxima-se de um tamanho constante. O raio de superfície saturada constante foi atingido mais rapidamente com o emissor de maior Q. Uma taxa de descarga mais elevada resultou num movimento mais rápido da frente de humedecimento em todas as direcções. O aumento da taxa de descarga do emissor, após a adição do mesmo volume de água, resultou num aumento do padrão de humedecimento na direção horizontal e numa diminuição na direção vertical. Os mesmos resultados também foram registados noutros estudos (por exemplo, Khan et al., 1996). Além disso, o aumento do volume de água aplicada aumentou a profundidade do padrão de molhagem e teve pouco efeito nas direcções horizontais do padrão de molhagem. Li et al. (2004) estudaram o movimento do padrão de humedecimento em solos arenosos e argilosos e concluíram que o aumento da taxa de descarga do emissor permitia a redistribuição de mais água na direção horizontal quando era aplicado o mesmo volume de água. Ah Koon et al. (1990) estudaram o efeito de três taxas de descarga de emissores (1, 2 e 3 L/h) na distribuição de água e na drenagem sob uma cultura de cana-de-açúcar, em comparação com uma parcela em pousio, num solo argiloso e siltoso. Semelhante aos resultados de Li et al. (2003, 2004), o aumento da Q

do emissor aumentou o espalhamento lateral da água. Também a distribuição da água foi estudada por Bar-Yosef e Sheikholslami (1976). Na sua pesquisa, um solo arenoso foi irrigado com uma fonte de gotejamento de superfície. Os seus resultados mostraram que ao adicionar as mesmas quantidades de água e ao aumentar o emissor Q *ao* mesmo tempo, o tamanho do padrão de humedecimento na direção vertical aumentou e diminuiu na horizontal. Mostaghimi et al. (1981) também estudou o movimento da água em solo argiloso siltoso sob uma única fonte de emissor. Realizou experiências laboratoriais e demonstrou que o aumento da taxa de descarga do emissor resulta num aumento do padrão de humedecimento na direção vertical e numa diminuição na direção horizontal. Bresler et al. (1971) examinou o efeito da taxa de descarga do emissor de gotejamento superficial na distribuição do conteúdo de água em solo arenoso e argiloso. Ele realizou experiências de campo e de laboratório que mostraram que o aumento da taxa de descarga do emissor causou uma maior área molhada na direção horizontal e diminuiu a profundidade molhada do solo. A investigação efectuada por Levin et al. (1979) para solos arenosos confirmou as conclusões de Bresler et al. (1971). Acar et al. (2009) investigaram o efeito da taxa de descarga do emissor e o volume de água aplicado na irrigação por gotejamento em solo argiloso e franco-argiloso. As taxas de descarga do emissor examinadas foram de 2 e 4 L/h. Os resultados mostraram que as diferentes descargas não tiveram efeito significativo sobre o tamanho do padrão de molhamento. No entanto, diferentes quantidades de água aplicada afectaram significativamente o tamanho da frente vertical molhada, mas não tiveram efeitos significativos no movimento posterior da água do solo dentro do perfil do solo e na superfície do solo. Os resultados também mostraram que o volume molhado aumentou com taxas de descarga do emissor mais elevadas, afectando o movimento vertical e lateral da água no solo. Thabet e Zayani (1998) realizaram um estudo com um solo de areia argilosa para determinar o efeito de diferentes taxas de descarga de gotejadores de superfície (1,5 e 4 L/h) sobre o tamanho do padrão de molhamento. Badr e Taalab (2007) concluíram que quando se aplica a mesma quantidade de água, o maior Q faz com que a água se espalhe mais na direção horizontal e enquanto que a diminuição da taxa de descarga faz com que a água se espalhe mais na direção vertical. O estudo foi realizado no âmbito da absorção ativa de água pelas raízes de plantas de tomate que crescem em solo arenoso.

2.2.4 Guias para a estimativa da percentagem de área molhada

A percentagem de área molhada é a área horizontal média molhada dentro dos 30 cm superiores da zona radicular da cultura em relação à área total que é cultivada. Muitas vezes surge a questão de quantos emissores são necessários por planta e este número dependerá da percentagem de área molhada desejável e da área molhada por um emissor. Keller e Bliesner (1990) apresentaram uma tabela para estimar a área molhada (Aw). A estimativa é baseada num emissor padrão de 4 L/h para diferentes tipos de solo e profundidades. Afirmaram que a Aw, molhada por um emissor à superfície do solo, é normalmente menos de metade da Aw medida a uma profundidade de 15 a 30 cm. Forneceram os valores para diferentes classes de textura do solo, profundidades do solo e graus de estratificação do solo. Os valores baseiam-se em regas diárias ou de dois em dois dias, que aplicam volumes de água suficientes para exceder ligeiramente as necessidades hídricas das culturas. A área molhada é aproximada por um retângulo; a dimensão longa, w, é o diâmetro horizontal máximo esperado do volume de solo molhado causado por um emissor. Se é a dimensão curta e representa 80 % do diâmetro máximo previsto. Se representa o espaçamento entre emissores, que deve dar origem a uma faixa contínua de solo molhado. Se estes dois valores forem multiplicados, o resultado é aproximadamente o mesmo que a área circular molhada. Como os autores afirmam claramente, estes valores devem ser utilizados apenas como directrizes.

2.2.5 Estudos de campo e de laboratório

Li *et al.* (2003) estudaram o efeito das taxas de descarga e do volume de água aplicado na forma da área molhada, a partir de uma fonte pontual de superfície para um solo argiloso. As taxas de aplicação variaram de 0,6 a 7,8 L/h. Os resultados do humedecimento superficial e vertical para todas as experiências mostraram que a frente de humedecimento se moveu rapidamente no início e abrandou com o aumento do tempo. A frente de humedecimento moveu-se para fora em forma de arco circular e o raio de superfície saturada molhada aumentou com o aumento da taxa de aplicação. O raio de superfície molhada e a profundidade molhada foram proporcionais ao volume de água aplicado. O raio da zona de entrada de água saturada tornou-se maior à medida que o tempo aumentou, e aproximou-se de um valor constante após cerca de 3,5 h. Quanto maior a taxa de aplicação, mais rapidamente se atingiu o raio de superfície saturada molhada constante. Uma taxa de aplicação mais elevada resultou num movimento mais rápido da frente de humedecimento em ambas as direcções, radial e vertical. O aumento da taxa de aplicação após a adição do mesmo volume de água, resultou num aumento na direção horizontal e na diminuição da profundidade molhada, o que foi relatado noutros estudos (por exemplo, Khan *et al.,* 1996). Além disso, os maiores volumes de água aplicados produziram um maior teor de água no volume molhado. O aumento do volume de água aplicado aumentou a profundidade molhada e teve pouco efeito na área molhada horizontal. Li *et al.* (2004) seguiu o seu trabalho de Li *et al.* (2003), mas desta vez também monitorizou o movimento da frente de humedecimento em solo arenoso e concluiu que, para o mesmo volume aplicado, o aumento da taxa de aplicação permitiu que mais água fosse distribuída na direção horizontal. Uma diminuição da taxa de aplicação permitiu uma maior distribuição de água na direção vertical. Mencionaram que é necessária mais investigação para verificar se estes resultados se aplicam a outros tipos de solo. Do mesmo modo, Ah Koon *et al.* (1990) estudaram três taxas de descarga de emissores (1, 2 e 3 L/h) na distribuição e drenagem da água sob uma cultura de cana-de-açúcar e uma parcela em pousio num solo argiloso/argiloso. Os resultados mostraram que uma taxa de descarga do emissor mais elevada (4 L/h) aumentou a dispersão lateral da água e estão de acordo com os resultados de Li *et al.* (2003, 2004). Bar-Yosef e Sheikholslami (1976) estudaram a distribuição de água em solo arenoso, irrigado a partir de uma fonte de gotejamento superficial. Eles descobriram que, ao adicionar quantidades idênticas de água, mas aumentando a taxa de descarga do emissor, a profundidade de humedecimento aumentou e o movimento horizontal da água diminuiu. Bresler *et al.* (1971) estudaram o efeito da taxa de descarga do emissor de superfície na distribuição do conteúdo de água em solo argiloso e arenoso. As experiências de laboratório e de campo mostraram que o aumento da taxa de descarga do emissor resultou no aumento da área molhada na direção horizontal e na diminuição da profundidade molhada do solo. Pesquisa feita por Levin *et al.* (1979) para solo arenoso, confirmou os resultados de Bresler *et al.* (1971). Estudo sobre o efeito da frequência de irrigação por gotejamento no padrão de molhamento e crescimento da batata foi feito por Feng-Xin Wang *et al.* (2006). Eles usaram seis diferentes frequências de irrigação (uma vez por dia (N1, uma vez a cada dois dias (N2), uma vez a cada três dias (N3), uma vez a cada quatro dias (N4), uma vez a cada seis dias (N6) e uma vez a cada oito dias (N8)). Aplicaram a mesma quantidade de água em todas as frequências estudadas. Os resultados mostraram que a frequência de rega afectou a distribuição da água, a profundidade do solo molhado e a distância do emissor. A distribuição da água variou com a fase de crescimento da batata. O padrão de humedecimento desenvolvido sob o tratamento N1, mostrou maior mudança do que aqueles para N4 e N8. A meio da época de plantação, a uma profundidade inferior a 30 cm, as variações do teor de água aumentaram com a diminuição da frequência de rega. Durante os estágios finais de crescimento, o tratamento N8 mostrou maior variação na profundidade de 50 - 90 cm do que os outros tratamentos. Isto deveu-se a uma duração de aplicação mais longa, que levou a uma maior humidade do solo na direção horizontal. A distribuição mais densa das raízes a essa profundidade esgotou a água mais rapidamente. Quanto maior a frequência, maior a densidade do comprimento das raízes a 0 - 60 cm de profundidade do solo e menor a densidade do comprimento das raízes a 0 - 10 cm de profundidade do solo. Também a redução da frequência de rega de N1 para N8 resultou numa redução significativa da produção.

2.2.6 Modelos empíricos

Para prever os padrões de humidade de uma fonte pontual, existem vários modelos. Podemos agrupá-los em modelos empíricos, analíticos ou numéricos. Foram desenvolvidos modelos empíricos, baseados em observações de campo ou em análises de regressão. Keller e Karmeli (1974) apresentaram uma tabela que serve de guia para estimar uma percentagem média de área molhada (Pw). Como já foi mencionado anteriormente, o valor ótimo para Pw não é claro; mas, considerando o estado atual dos conhecimentos, a Pw para culturas muito espaçadas deve ser mantida abaixo de 67%. Mas para culturas muito espaçadas (culturas espaçadas a menos de 1,8 m), Pw pode aproximar-se de 100%. Schwartzman e Zur (1986) desenvolveram um modelo semi-empírico para determinar a largura e a profundidade do volume de solo molhado sob a fonte pontual. Assumiu-se que o volume de solo molhado depende da condutividade hidráulica do solo (Ks), da taxa de descarga do emissor (Q) e da quantidade total de água no solo (V). Utilizando a análise dimensional, foram obtidas expressões analíticas para a profundidade e largura molhadas em função dos parâmetros acima referidos. Os coeficientes das equações foram depois obtidos empiricamente com base em experiências efectuadas em dois tipos de solos (Gilat loam e Sinai sand). Este modelo é um dos mais práticos para a determinação da geometria molhada do solo para fontes pontuais. No entanto, a utilização do modelo para uma vasta gama de condições é questionável, uma vez que foi calibrado apenas com base em dois conjuntos de dados experimentais, com apenas dois tipos de solo e duas taxas de descarga do emissor.Kandelous e Šimůnek (2010a) compararam os dois modelos empíricos acima referidos de Schwartzman e Zur (1986) e Amin e Ekhmaj (2006) com dados de campo, para avaliar a sua precisão na previsão das dimensões da zona húmida. Os resultados mostraram uma melhor capacidade de previsão do modelo de Amin e Ekhmaj (2006) em comparação com o modelo de Schwartzman e Zur (1986). Em alguns casos, o modelo de Amin e Ekhmaj (2006) previu a geometria do padrão de humidade ainda melhor do que os resultados dos modelos numéricos. A melhor capacidade de previsão do modelo de Amin e Ekhmaj (2006) pode ser explicada pela sua utilização de $\Delta\theta$. Kandelous e Šimůnek (2010a) concluíram que o conteúdo de água no solo desempenha um papel importante na previsão da geometria molhada para sistemas de irrigação por gotejamento de superfície.

2.2.7 Modelos analíticos

Os modelos analíticos para a previsão da geometria dos padrões de humedecimento, sob uma fonte pontual superficial, resolvem geralmente a equação do fluxo de água que rege a situação em condições específicas. Os modelos analíticos baseiam-se em pressupostos, tais como a homogeneidade do solo, e não têm em conta a absorção de água pelas raízes. Cook *et al.* (2003) desenvolveram um programa de software de fácil utilização baseado no Microsoft Windows, WetUp, que permite a visualização dos padrões de humedecimento (Figura 2.2). O programa estima as dimensões dos padrões de humedecimento, em diferentes texturas de solo, com diferentes características hidráulicas do solo, para fontes pontuais superficiais ou subsuperficiais (emissores).

O WetUp contém uma base de dados de tipos de solo predefinidos, caudais de emissor (de 0,503 a 2,7 L/h), tempos de aplicação (1 - 24 h), condições iniciais de humidade do solo (3, 6 e 10 m de sucção) e posição do emissor (superfície ou subsuperfície).

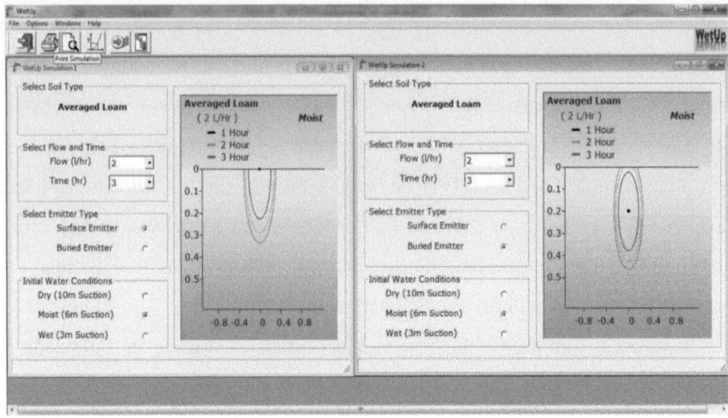

Fig. 2.3 Janela WetUp mostrando padrões de humidade para solo argiloso, com caudal do emissor de 2 l/h, 2 h de aplicação e teor de humidade inicial do solo de 6 m, para rega superficial e subsuperficial

O WetUp usa uma solução de Philip (1984) para o fluxo de uma fonte pontual superficial e subsuperficial. A solução determina o tempo de viagem da água e baseia-se numa análise quase linear do escoamento tridimensional não saturado estável da água. Kandelous e Šimůnek (2010a) compararam o WetUp com outras soluções empíricas e numéricas, para estimar a dimensão do padrão de humedecimento. As previsões do WetUp sobre a geometria do padrão de humedecimento foram menos precisas em comparação com Amin e Ekhmaj (2006) ou com o modelo numérico Hydrus-2D (Šimůnek *et al.*, 1999). Cook *et al.* (2003) também referiram que o WetUp tende a subestimar a humidificação horizontal em grandes volumes de água aplicados em solos de textura grosseira. Foram obtidas outras soluções analíticas para a infiltração constante a partir de uma fonte pontual enterrada e de cavidades (Philip, 1968, 1984), a partir de um ponto à superfície (Warrick, 1974) e a partir de lagos circulares pouco profundos (Wooding, 1968). Mmolawa e Or (2000) apresentaram um modelo semi-analítico para calcular o fluxo de água e o transporte de solutos não reactivos com e sem absorção pelas plantas para uma fonte pontual enterrada ou superficial.

A aplicação de modelos analíticos na gestão da rega gota-a-gota é limitada porque as soluções se baseiam em pressupostos limitados no que diz respeito às configurações das fontes, à linearização da equação do fluxo e às propriedades hidráulicas homogéneas do solo. A maior parte deles também não tem em conta a absorção de água pelas raízes.

2.2.8 Estudos numéricos

Existem vários modelos numéricos desenvolvidos com o objetivo de simular a infiltração superficial e subsuperficial de água de uma fonte pontual. Brandt *et al.* (1971) desenvolveram um modelo para analisar a infiltração transiente multidimensional a partir de uma fonte de gotejamento. Bresler *et al.* (1971) compararam a teoria, discutida por Brandt *et al.* (1971), com resultados experimentais. Foram examinadas as localizações calculadas e medidas das frentes de humedecimento e a distribuição do teor de água no solo. Concluíram que, apesar da dissemelhança entre os resultados teóricos e experimentais, a concordância é suficiente para a aplicação prática da teoria.

Em 1975, Bresler relatou um estudo sobre simulações de modelos numéricos para análise da transferência simultânea multidimensional de um transporte de água e soluto sem interação, aplicável à infiltração a partir de uma fonte de gotejamento. Mostaghimi *et al.* (1982) estudaram o movimento da água num solo franco-argiloso siltoso sob uma fonte de emissor único. Utilizaram o método numérico de Bresler (1975) e compararam-no com resultados experimentais de laboratório. O estudo mostrou que o aumento da taxa de descarga de um emissor resulta num aumento na direção vertical e numa diminuição na direção horizontal da zona molhada. Estes resultados estão em contradição com os resultados de Li *et al.* (2003), Bar-Yosef e Sheikholslami (1976) e Khan *et al.* (1996). Bresler (1975) também encontrou uma boa concordância entre o teor de água no solo previsto e medido. Lafolie *et al.* (1989) apresentaram a solução numérica que permite prever a distribuição do teor de água sob irrigação por gotejamento.Šimůnek *et al.* (1996) desenvolveram um pacote de software, Hydrus-2D, que foi atualizado para fornecer uma terceira dimensão, agora chamado Hydrus-2D/3D (Šimůnek *et al.*, 2006). O software permite a implementação de fluxo de água tridimensional, transporte de soluto e absorção de água e nutrientes pelas raízes com base em soluções numéricas de elementos finitos das equações de fluxo e transporte. Para o módulo de fluxo de água, o programa resolve numericamente a equação de Richards (Richards, 1931) para um fluxo saturado variável. A equação de fluxo também incorpora um termo de sumidouro para simular a absorção de água pelas raízes das plantas. Em 2011, foi lançada a versão 2.0 do Hydrus-2D/3D. Inclui muitas novas funcionalidades em comparação com a versão 1.0. As mais importantes, que podem ser usadas para simular o projeto e a gestão da rega gota-a-gota, são as novas condições de fronteira (i.e. rega gota-a-gota superficial e subsuperficial) e a rega activada (a rega pode ser activada pelo programa quando a pressão da cabeça cai abaixo do valor especificado) (Šejna *et al.* 2011). A unidade principal do programa é a interface gráfica do utilizador (GUI) do Hydrus, que define o ambiente computacional global do sistema (figura).

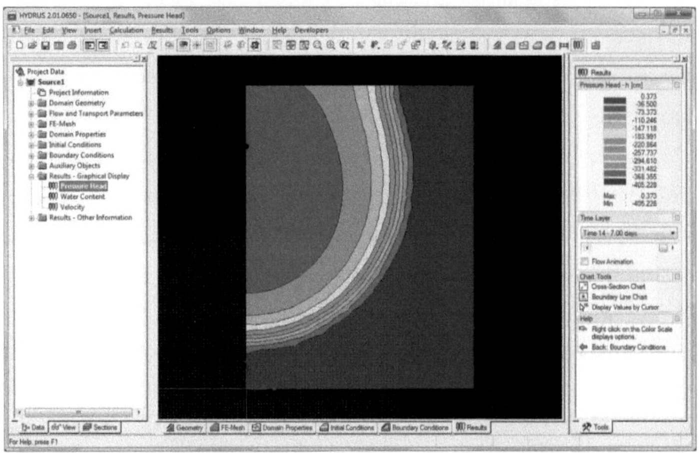

Fig. 2.4 A janela principal da GUI do Hydrus, incluindo os seus principais componentes.

A modelação do fluxo de água no solo e do transporte de solutos é útil para a gestão dos recursos hídricos e ecológica e, devido à crescente velocidade dos computadores e à disponibilidade de modelos numéricos mais abrangentes, o Hydrus-2D/3D está agora a ser cada vez mais utilizado para avaliar o fluxo de água em sistemas de irrigação por gotejamento. O número de estudos deste tipo é extenso e tem vindo a aumentar de forma constante nos últimos anos (Assouline, 2001; Schmitz *et al.*, 2002; Cote *et al.*, 2003; Skaggs *et al.*, 2004; Lazarovitch *et al*, 2005, 2007; Fernandez-Galvez e Simmonds, 2006; Dahiya *et al.*, 2007; Provenzano, 2007; Patel e Rajput, 2008; Elmaloglou e Diamantopolus, 2009; Kandelous e Šimunek, 2010a, b; Rodriguez-Sinobas *et al.*, 2010; Skaggs *et al.*, 2010). Alguns desses estudos simularam o processo de irrigação por gotejamento subsuperficial (SDI) como uma fonte de linha (uma lateral) (Ben-Gal *et al.*, 2004; Skaggs *et al.*, 2004;Patel, 2008), enquanto outros simularam SDI por meio de uma fonte pontual, como emissor individual (Lazarovitch *et al.*, 2005; Provenzano, 2007; Kandelous e Šimůnek, 2010a, b). Enquanto alguns outros autores avaliaram a capacidade do Hydrus para simular o movimento da água de sistemas de irrigação por gotejamento superficial (Assouline, 2001; Gardenas *et al.* 2005), o número de estudos sobre irrigação por gotejamento superficial tem sido limitado pela falta de condições de contorno apropriadas (um problema que agora é resolvido pela introdução da versão 2.0 em 2011). Todos estes estudos foram feitos utilizando modelos bidimensionais planares ou axissimétricos, o que é válido desde que o domínio de fluxo estudado não seja influenciado por emissores vizinhos. Kandelous *et al.* (2011) utilizaram o Hydrus-2D/3D para analisar os dados de campo, assumindo as abordagens de modelagem em que os emissores foram representados, quer como uma fonte pontual num domínio bidimensional axissimétrico, uma fonte de linha num domínio bidimensional planar ou uma fonte pontual num domínio totalmente tridimensional. Os resultados mostraram que os sistemas SDI podem ser descritos com precisão, utilizando um domínio bidimensional axissimétrico, apenas antes de os padrões de molhagem começarem a sobrepor-se, e um domínio bidimensional plano, apenas após a fusão completa das frentes de molhagem de emissores vizinhos. Parece ser necessário um modelo totalmente tridimensional para descrever completamente o processo de rega gota-a-gota subsuperficial.Kandelous e Šimůnek (2010a) compararam modelos numéricos, analíticos e empíricos para estimar os padrões de humedecimento para a rega superficial e subsuperficial. Avaliaram a precisão de várias abordagens utilizadas para estimar as dimensões da zona húmida, comparando as suas previsões com dados de campo e de laboratório, incluindo o modelo numérico Hydrus-2D, o software analítico WetUp e modelos empíricos seleccionados (Schwarzman e Zur, 1986; Amin e Ekhmaj, 2006; Kandelous *et al.*, 2008). Utilizaram o erro absoluto médio para comparar as previsões do modelo e as observações da dimensão da zona húmida. O erro médio absoluto para diferentes experiências e direcções variou de 0,9 a 10,4 cm para o Hydrus, de 1 a 58,1 cm para o WetUp e de 1,3 a 12,2 cm para outros modelos empíricos. Skaggs *et al.* (2010) utilizaram simulações numéricas com o Hydrus-2D para investigar o efeito da taxa de aplicação, do teor de água antecedente e da aplicação de água pulsada no espalhamento horizontal da água a partir de emissores de rega gota-a-gota. Os resultados mostraram que um maior teor de água antecedente aumenta o espalhamento de água a partir de sistemas de irrigação por gotejamento, mas o aumento é maior na direção vertical do que na horizontal. Também, menores taxas de aplicação e pulsação, produziram pequenos aumentos no espalhamento horizontal da água. Alguns tratamentos de irrigação foram testados em ensaios de campo e confirmaram os resultados da simulação. Cote *et al.* (2003) também utilizaram o modelo numérico Hydrus -2D para investigar o efeito de aplicações de água pulsadas no tamanho do padrão de humedecimento para a rega gota-a-gota subsuperficial em solos arenosos, siltosos e argilo-siltosos. Eles descobriram que as propriedades hidráulicas do solo influenciam muito a geometria do padrão de molhamento. A frequência de irrigação (pulsação) tem aumentado ligeiramente as dimensões do padrão de molhamento em solos altamente permeáveis de textura grossa. Além disso, à semelhança de Skaggs *et al.* (2010), as elevadas taxas de descarga de uma SDI tendem a aumentar mais o espalhamento vertical do que o horizontal. As simulações também destacaram que, a fim de alcançar o volume molhado desejado, a taxa de descarga do sistema de irrigação por gotejamento tem de ser regulada de acordo com o tipo de solo em particular e, consequentemente, as suas propriedades hidráulicas são de grande importância.Assouline (2001) apresentou um estudo sobre o efeito de diferentes taxas de descarga de emissores, incluindo micro emissores de gotejamento (taxa de descarga do emissor <0,5 L/h), em diferentes regimes de água no milho irrigado por gotejamento. Em seu estudo, três taxas de descarga de emissores (0,25, 2,0 e 8 L/h) foram comparadas em experimentos de campo e para simulações numéricas usando Hydrus-2D. As experiências de campo mostraram que, sob irrigação por microaspersão, o maior conteúdo relativo de água ocorreu nos 30 cm superiores do perfil do solo e o menor na camada de 60 a 90 cm. Os resultados numéricos mostraram que, sob tratamento de irrigação por microaspersão, o volume molhado do solo foi menor em ambas as direcções, horizontal e vertical. Os gradientes de conteúdo de água para o tratamento de microirrigação também foram menos extremos em ambas as direcções, em comparação com as taxas de descarga de 2,0 e 8,0 L/h. A zona saturada do solo foi mantida apenas abaixo da linha de gotejamento de 8,0 L/h (Figura 2.5). A profundidade da frente de molhamento abaixo do tubo gotejador foi mais rasa no tratamento de irrigação por microaspersão.

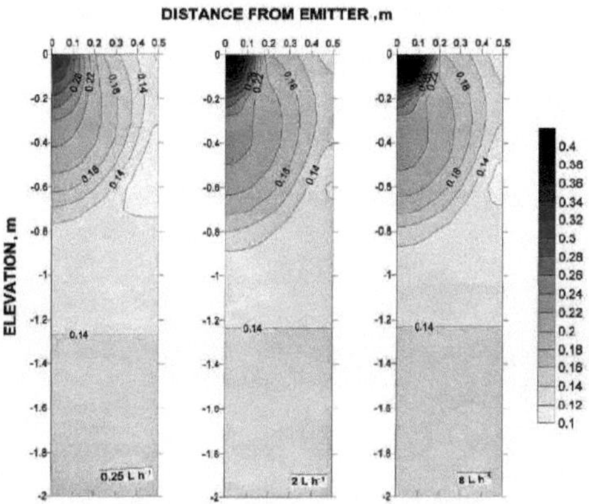

Fig. 2.5 Distribuição simulada do teor de água sob o tubo gotejador para três taxas de descarga de emissores no final do ciclo de aplicação (Assouline, 2001)

Estes resultados estão de acordo com as conclusões de Mostaghimi *et al.* (1982), mas em contradição com Khan *et al.* (1996) e Li *et al.* (2003), que concluíram que taxas de descarga mais elevadas dos emissores aumentam o movimento da água do solo na direção horizontal. Este facto foi provavelmente causado pelas diferenças nas propriedades hidráulicas dos diferentes solos ou pelos padrões de absorção de água das plantas.

2.3 Determinação da largura e profundidade do molhamento sob irrigação por gotejamento

Nesta experiência, o mesmo volume de água de rega foi aplicado a duas taxas de descarga diferentes de 2,3 lph e 4,9 lph para determinar o padrão de humedecimento do solo. O volume de água aplicado em ambos os casos foi de 50 litros. O sistema de irrigação por gotejamento consistiu de um emissor lateral conectado à torneira do laboratório (**Fig. 2.6**).

A pressão no emissor foi mantida constante, mantendo o botão do bip-kock fixo numa posição durante o período de experimentação e havia uma cabeça de pressão fixa no abastecimento de água, uma vez que estava ligado ao reservatório aéreo de cabeça constante. Assim, foi possível manter uma descarga constante dos emissores.

O tempo necessário para aplicar 50 litros de água através dos emissores de capacidade 2,3 lph e 4,9 lph foi de 21,7 e 10 horas, respetivamente.

Fig.2.6 Instalação da irrigação por gotejamento e emissor numa lateral
(Fonte: Tese de Mestrado em Tecnologia, BCKV, 2016)

Medição da largura do humedecimento

Após os intervalos de irrigação prescritos para cada taxa de descarga, a largura do molhamento para cada taxa de descarga foi medida da seguinte forma:

- Toda a área molhada foi dividida em quatro partes por duas linhas que se intersectam e se encontram em ângulo reto no ponto de aplicação da água de irrigação, ou seja, quase no centro da zona molhada.

- A largura do molhamento foi medida em cada ponto, a 15 cm de distância, nas duas linhas de intersecção, partindo do centro e continuando até à frente do molhamento.

Medição da profundidade de humedecimento

A profundidade de humedecimento foi medida para as duas taxas de descarga utilizando o trado de solo da seguinte forma:

- A profundidade foi medida em pontos diferentes, distantes 15 cm um do outro, nas duas linhas de intersecção traçadas na zona húmida.

- A medição foi iniciada a partir do centro da área molhada, que é o ponto de aplicação de água do emissor.

- A broca foi inserida em diferentes pontos de medição a 15 cm de distância um do outro na linha.

- Observando o solo nas pontas do sem-fim, determinou-se a profundidade do molhamento e anotou-se para diferentes pontos da linha da zona molhada.

A profundidade de penetração da água em diferentes pontos a partir do centro de humedecimento para ambas as secções x foi representada em papel gráfico para determinar a profundidade média de penetração (**Fig.2.7**). Da mesma forma, as larguras de humedecimento a partir do centro foram desenhadas no papel gráfico para determinar a área de humedecimento (**Fig.2.8**). O volume do solo molhado foi calculado para ambos os emissores, utilizando estas profundidades médias e áreas de molhamento.

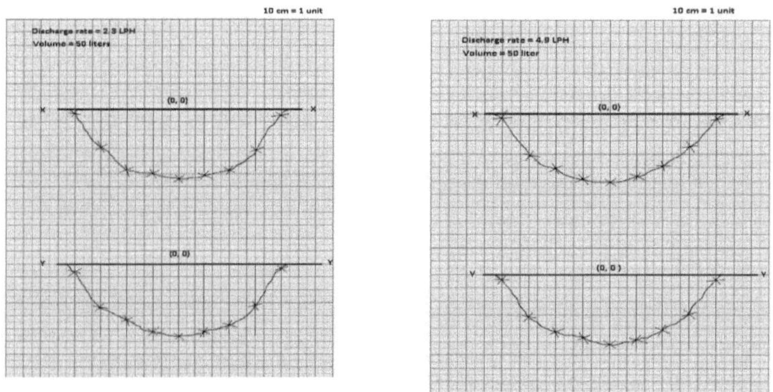

Fig.2.7 A profundidade de penetração da água em diferentes pontos a partir do centro de molhagem para ambas as secções x.

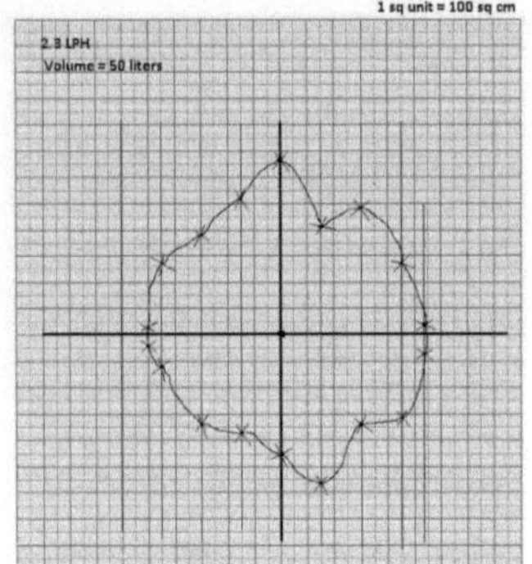

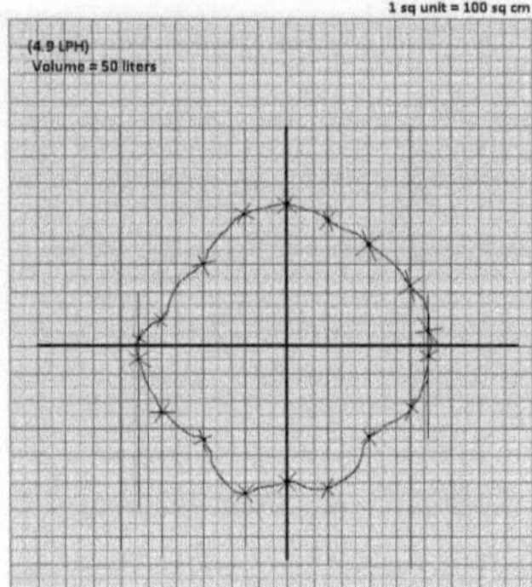

Fig.2.8 Largura de humedecimento da água a partir do centro.

Para cada ponto das duas linhas de intersecção da zona molhada, distantes 15 cm uma da outra, medidos a partir do centro ou do ponto de aplicação da água até ao último ponto de molhamento, foram medidas a largura e a profundidade de molhamento correspondentes.

Cálculo da profundidade e largura médias (ou diâmetro) de humedecimento a partir do gráfico

A profundidade média de humedecimento foi calculada da seguinte forma:

$$d_{av} = \frac{d_1 + d_2 + \ldots + d_n}{n}$$

(Eq.1)

Onde, d_1 , d_2, ..., d_n = profundidade de humedecimento em diferentes pontos.

n = número total de profundidade

E a largura (diâmetro) da humidificação foi calculada como:

$$A = \frac{\Pi D^2}{4}$$

(Eq.2)

Onde, **A**= área obtida a partir do gráfico.

$\mathbf{D}$ = Diâmetro equivalente de molhagem que representa a área de molhagem.

Schwartzman e Zur (1986) Equação para a determinação da largura e profundidade do molhamento sob irrigação por gotejamento
A equação é dada como:

$$Z_f = K_1 \, (V)_w^{\,0.63} \left(\frac{K_{sat}}{q} \right)^{0.45} \quad \text{(Eq.3)}$$

$$W_f = K_2 \, (V)_w^{\,0.22} \left(\frac{K_{sat}}{q} \right)^{-0.17} \qquad\qquad \text{(Eq.4)}$$

Onde, Z_f = distância vertical à frente de humedecimento, m

$\quad$ W_f = Largura molhada ou diâmetro da frente molhada

$\quad$ K_1 = coeficiente empírico = 29,2

$\quad$ V_w = Volume de água aplicado, litro

$\quad$ K_{sat} = Condutividade hidráulica saturada, m/s

$\quad$ q = Descarga do emissor, lph

$\quad$ K_2 = Coeficiente empírico = 0,031.

2.4 Distribuição de água nos solos e padrão de humidade

A forma da distribuição da água quando aplicada a partir de uma fonte pontual no solo depende principalmente das características do solo e da força da gravidade. A textura do solo, a permeabilidade horizontal e vertical do solo, a sucção capilar, a presença ou ausência de camadas impermeáveis, o volume de água aplicado por rega, a taxa de aplicação e o teor de humidade inicial influenciam o padrão de humedecimento do solo. O movimento horizontal pode ser mais rápido do que o movimento descendente. O padrão de humedecimento tem normalmente a forma de um bolbo. Em solos leves, as forças capilares são pequenas e a força da gravidade tem alguma influência no movimento da água. O movimento descendente é mais rápido do que o horizontal, o que provoca um padrão de humedecimento mais alongado para baixo. Nos solos entre os solos finos e os solos leves, a influência da sucção capilar e da gravidade é quase igual. Por conseguinte, o padrão de humedecimento terá um alongamento horizontal e vertical mais ou menos igual, o que conduz à forma de pera. No entanto, os solos são muito complicados por natureza. As características do solo raramente são homogéneas. Por conseguinte, é muito difícil prever a forma exacta do padrão de humedecimento.

Singh *et al* (2000) efectuaram uma investigação sobre o movimento radial e vertical da frente de água em solos argilosos e franco-argilosos em Rahuri, Maharashtra, utilizando diferentes taxas de descarga (2, 4, 6, 8, 10 e 12 l/h) e diferentes calendários de irrigação (diário, dia alternado, dois e três dias de intervalo). Observou-se que o movimento da frente de humedecimento no plano vertical e radial foi diferente para diferentes descargas de emissores e calendários de rega. A profundidade média em que ocorre a propagação radial máxima é de 40 a 60 cm, independentemente da descarga do emissor e do volume de água aplicado. Os resultados da investigação forneceram as seguintes relações para estimar o movimento lateral e vertical máximo da orla:

Para solos franco-argilosos, $w = 0.50q^{-0.09}v^{0.24}$ $\qquad\qquad$ $z = 0.48q^{0.14}v^{0.18}$

Para solos argilosos, $w = 0.50q^{-0.19}v^{0.29}$

$$z = 0.48q^{0.17}v^{0.15}$$

em que, w= movimento lateral máximo, m

z= movimento vertical máximo, m

q= descarga do emissor, l/h

v= volume de água adicionado, l

Existem também algumas representações gráficas e tabelas para estimar a extensão do molhamento, que foram desenvolvidas por um número limitado de experiências de campo (**Fig. 2.9 & 2.10**) (**FAO, 1980**). Portanto, sugere-se que os valores sejam usados com cautela como uma primeira aproximação (**Vermeiren** *et al*, 1980). **Singh** *et al* (2000) realizaram uma experiência com três tipos de solo, nomeadamente argila, argila arenosa e areia, com três descargas para determinar o movimento horizontal e vertical da frente de água a partir de uma fonte pontual. A relação assim desenvolvida é apresentada de seguida,

$$S_y = ct^d$$

$$\frac{t}{S_x} = a + bt$$

Em que, S_y = avanço vertical, cm

c = uma constante

t = tempo de aplicação, min

d = declive aritmético da reta

S_x = avanço horizontal da frente de humidade, cm

a & b= constante

Quadro 1 Avanços verticais (S_y) e tempo decorrido (t) para diferentes solos e caudais

Tipo de solo	Taxa de descarga (lph)	Distância vertical observada da água (cm)	Equação	Coeficiente de correlação
Argila arenosa	1.4	34	$S_y = 2.487t^{0..3646}$	0.998*
	1.8	40	$S_y = 2.297t^{0.4142}$	0.998*
	2.8	48.5	$S_y = 1.723t^{0.5147}$	0.997*
Argila	1.4	30		0.997*
	1.8	34	$S_y = 2.4876t^{0.3495}$	0.995*
	2.8	40	$S_y = 2.1915t^{0.3988}$	0.999*
Areia	1.4	48		0.995*
	1.8	58	$S_y = 1.6834t^{0.49}$	0.999*
	2.8	75	$S_y = 2.075t^{0.439}$	0.995*
			$S_y = 1.792t^{0.505}$	
			$S_y = 1.725t^{0.5806}$	

* Significância ao nível de 1%   Fonte: Sigh *et al* (2000)

Quadro 2 Equações empíricas que relacionam o avanço horizontal (S_x) e o tempo decorrido (t) para diferentes solos e caudais

Tipo de solo	Taxa de descarga (lph)	Distância horizontal observada da	Equação	Coeficiente de correlação

		água (cm)		
Franco-	1.4	30.5	$t/S_x = 3.387 + 0.0305t$	0.999[*]
arenoso	1.8	34	$t/S_x = 1.999 + 0.0276t$	0.999[*]
	2.8	39	$t/S_x = 1.892 + 0.0227t$	0.999[*]
Argila	1.4	24	$t/S_x = 2.488 + 0.0266t$	0.999[*]
	1.8	28	$t/S_x = 1.961 + 0.025t$	0.998[*]
	2.8	29	$t/S_x = 1.714 + 0.0193t$	
Areia	1.4	35	$t/S_x = 3.13 + 0.0395t$	0.999[*]
	1.8	38	$t/S_x = 2.895387 + 0.0355t$	0.999[*]
	2.8	45	$t/S_x = 1.463 + 0.0325t$	0.999[*]

* Significância ao nível de 1%   Fonte: Sigh *et al* (2000)

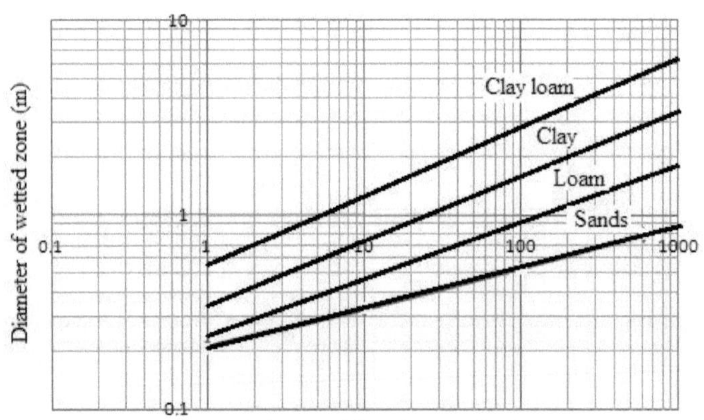

Cortesia: FAO (1980)

Fig. 2.9 Guia aproximado para estimar o diâmetro de molhagem

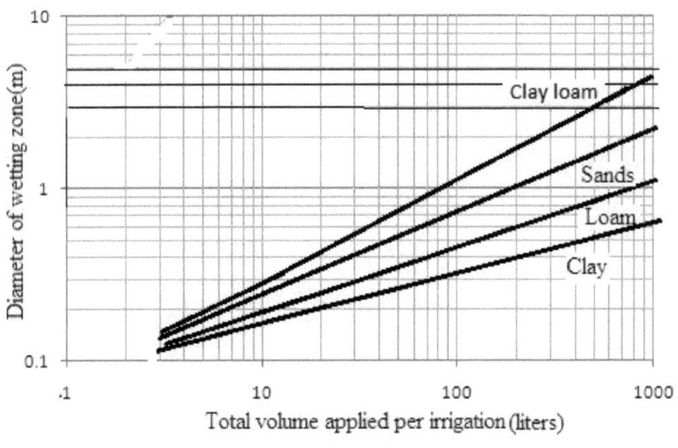

Cortesia: FAO (1980)

Fig. 2.10 Guia aproximado para estimar o diâmetro de molhagem

Conclusão

O modelo empírico simples de Schwartzman e Zur (1986) foi testado com os dados obtidos na experiência de campo. Verificou-se que existe pouca variação entre a largura e a profundidade teóricas e a largura e profundidade reais de humedecimento do solo. No entanto, pode concluir-se que os resultados experimentais se ajustam satisfatoriamente a este modelo. Outras melhorias deste trabalho podem ser feitas através da integração prática no trabalho de campo e modelagem adicional e análise do cenário de irrigação. O padrão de molhamento na irrigação por gotejamento refere-se à forma como a água se espalha e penetra no solo em torno dos emissores. Ao contrário dos métodos tradicionais de rega onde a água é dispersa por uma área maior, a rega gota-a-gota aplica água diretamente na zona das raízes das plantas através de emissores colocados perto das plantas ou ao longo das linhas de rega. Em geral, o padrão de humedecimento nos sistemas de rega gota-a-gota é concebido para maximizar a eficiência da utilização da água, assegurando que as plantas recebem a humidade adequada para um crescimento ótimo. O design, instalação e manutenção adequados são fundamentais para alcançar o padrão de humedecimento desejado e maximizar os benefícios da rega gota-a-gota. Em resumo, a humidificação do solo e a rega gota-a-gota são essenciais para uma gestão eficiente da água e para o crescimento saudável das plantas, desempenhando um papel significativo na agricultura sustentável e nas práticas de jardinagem.

BIBLIOGRAFIA

Acharya, Shabd S. (2010).Indian Agriculture and Food Security: Preocupações actuais e lições. Jornal Asiático de Agricultura e Desenvolvimento, Centro Regional do Sudeste Asiático para Estudos de Pós-Graduação e Investigação em Agricultura (SEARCA), 7(1):1-22.

Ah Koon, P.D., Gregory, P.J., Bell, J.P. (1990) Influência da taxa de emissão da irrigação por gotejamento na distribuição e drenagem da água sob a cana-de-açúcar e uma parcela em pousio. Gestão da Água Agrícola, 17, 267-282

Amin, M.S.M., Ekhmaj, A.I.M. (2006) DIPAC - calculadora de padrões de distribuição de água para irrigação por gotejamento. In: 7th International micro irrigation congress, 10-16 Sept, PWTC, Kuala Lumpur, Malaysia

Angelakis, A.N., Rolston, D.E., Kadir, T.N., Scott, V.N. (1993) Soil-water distribution under trickle source. J. Irrig. Drain. Eng., 119, 484-500

Norma ASAE ASAE S526.3 setembro (2007) Soil and water terminology. Sociedade Americana de Engenheiros Agrícolas e Biológicos (ASABE), St. Joseph, Michigan, 22 p.

Assouline, S. (2002) The effects of microdrip and conventional drip irrigation on water distribution and uptake, Soil Sci. Soc. Am. J., 66, 1630-1636

Bar-Yosef, B; Sheikholslami, M.R. (1976) Distribution of water and ions in soils irrigated and fertilized from a trickle source. Soil Science Society of America Journal, 40, 575-582

Bates, B.C., Kundzewicz, Z.W., Wu, S., Palutikof, J. P. (2008) Climate Change and Water. Documento técnico do Painel Intergovernamental sobre Alterações Climáticas, Secretariado do IPCC, Genebra, 210 p.

Ben-Gal, A., Lazarovitch, N., Shani, U. (2004) Irrigação por gotejamento subsuperficial em cavidades cheias de cascalho. Zona Vadosa J., 3, 1407-1413

Biswas,R.K.(2015).Drip and Sprinkler Irrigation. New India Publishing Agency.pp284

Clark, R. N. (1979). Eficiência da irrigação por sulco, aspersão e gotejamento no milho. Documento da ASAE No. 79-211. St. Joseph, Mich- ASAE.

Cote, C.M., Bristow, K.L., Charlesworth, P.B., Cook, F.J., Thorburn, P.J. (2003) Analysis of soil wetting and solute transport in subsurface trickle irrigation, Irrig. Sci., 22, 143-156

Dahiya, R., Jhorar, J.B.S., Malik, R.S., Ingwersen, J., Streck, T. (2007) Simulação do transporte de água e calor em solo arenoso irrigado por gotejamento sob condições de cobertura morta, J. Indian Soc. Soil Sci., 55 (3), 233-240

Dasberg, S. e Or, D. (1999) Drip irrigation. Springer Verlag, Berlim, 162 p.

Dengiz,O.(2006).A Comparação de diferentes métodos de irrigação com base na abordagem de avaliação paramétrica. *Turkish Journal of Agriculture and Forestry*.**30:** 21-29.

Dorenbos, J. e Pruitt, W.O. (1984) Crop Water Requirements - Guidelines for Predicting Crop Water Requirements. FAO Irrigation and Drainage Paper 24, FAO, Roma

El-Boraie ,FM.,Abo-El-Ela ,HK. e Gaber ,AM. (2009). Necessidades hídricas do amendoim cultivado em solo arenoso sob irrigação por gotejamento e biofertilização. *Australian Journal of Basic and Applied Sciences*, **3**(1):55-65.

Elmaloglou, S. e. Diamantopoulos, E. (2009) Simulação da dinâmica da água no solo sob irrigação por gotejamento subsuperficial a partir de fontes lineares, Agricultural Water Management, 96, 1587-1595

Elobeid, A.M. (2006), Hydraulic aspects on the design and performance of drip irrigation system, M.Sc. Thesis, University of Khartoum, Khartoum Sudan.

Evans, R.G., Wu, I.P., Smystrala, A.G. (2007) Design of Microirrigation Systems. Capítulo 17, em: Glenn J. Hoffman, Robert G. Evans, Marvin E. Jensen, Derrel L. Martin, Ronald L. Elliott, Design and Operation of Farm Irrigation Systems. 2ª edição. ASABE Special Monograph, 633-683 p.

FAO (2002b). Irrigation manual. Planning, development monitoring and evaluation of irrigated agriculture with farmer participation, Module 4: Crop Water Requirements and Irrigation Scheduling (English), Savva, A.P., Frenken, K., FAO, Harare (Zimbabwe). Gabinete Sub-Regional para a África Austral e Oriental, 2002, 138 p.

Fernandez-Galvez J., Simmonds, L.P. (2006) Monitoring and modelling the three-dimensional flow of water under drip irrigation, Agricultural Water Management, 83 (3), 197-208

Gandhi, Vasant P. e Bhamoriya,V.(2011). Groundwater Irrigation in India: Growth, Challenges and Risks (Crescimento, desafios e riscos). Indian Infrastructure Report, Nova Deli: Oxford University Press, 90-117.

Gardenas, A, Hopmans, J.W., Hanson, B.R., Šimůnek, J. (2005) Two dimensional modeling of nitrate leaching for various fertigation scenarios under micro-irrigation. Agric Water Manag 74,219- 242

Haman DZ, Smajstria AG.(2010). Dicas de design para irrigação por gotejamento de vegetais, Pub. AE260. Extensão da Universidade da Flórida.

Hammami, M., Daghari, H., Balti, J., Maalej, M.. (2002) Abordagem para a previsão da profundidade da frente de humedecimento sob uma fonte pontual superficial: Teoria e aspeto numérico. Irrig. Drain., 51 (4), 347-360

Hanson, B. e May, D. (2000). A irrigação por gotejamento aumenta a produtividade do tomate em solo afetado por sal no Vale de San Joaquin. *California Agriculture*, **57**: 132-137.

INCID (1994): Drip Irrigation in India.pp.115.

Kandelous, M.M., Liaghat, A., Abbasi, F. (2008) Estimativa do padrão de humidade do solo na irrigação por gotejamento subsuperficial usando o método de análise dimensional. J Agri Sci 39 (2), 371-378 (em persa), citado em Kandelous, M.M., e Šimůnek, J. (2010 b). Simulações numéricas do movimento da água em um sistema de irrigação por gotejamento subsuperficial em condições de campo e laboratório usando HYDRUS-2D, Agricultural Water Management, 97, 1070-1076

Keller J., Karmeli D. 1974. Parâmetros de projeto da rega gota a gota. Transação da ASAE, 7: 678-684

Keller, J. e Bliesner, R. (1990) Sprinkle and trickle irrigation. Chapman and Hall, Nova Iorque. 739 p.

Khalid, M. M. (1999). Um estudo comparativo entre o sistema de irrigação por gotejamento e por sulco para a produção de quiabo (Hibiscus Esculentus).M.Sc. (Agric).Thesis, University of Khartoum, Sudan.

Khan, A.A., Yitayew, M., Warrick, A.W. (1996) Field evaluation of water and solute distribution from a point source. J. Irrig. Drain. Eng., ASCE, 22(4),221-227

Kode, A. A. (2000). Efeito de fertilizantes solúveis em água aplicados por gotejamento no crescimento, rendimento e qualidade da banana. MSc. (Agric).Department of Agronomy, Post graduate institute, Mahatma Phule Kharishi Vidyapeeth, Rahuri - 413 722, India.

Lafolie, F., Guennelon, R., Van Genuchten, M. (1989) Analysis of water flow under trickle-irrigation, I: theory and numerical solution. Soil Science Society of America Journal, 53, 1310-1318

Lamm, F.R., Ayars, J.E., Nakayama, F.S. (2007) Microirrigation for Crop Production - Design, Operation and Management. Publicações Elsevier. 608 p.

Li, J., Zhang, J., Rao, M. (2004). Padrões de humidade e distribuição de azoto afectados por estratégias de fertirrigação a partir de uma fonte pontual de superfície. Agricult. Water Manag., 67, 89-104

Lubana, P.P.S. and Narda, N.K. (2001) Modelling soil water dynamics under trickle emitters - a review. J. Agric. Eng. Res., 78 (3), 217-232

Mahmoud, Husam. H. (2006).Estudos sobre o efeito da fetigação, necessidade de água e densidade de plantas no rendimento e qualidade da banana cv. Grand Naine (Musa AAA) Ph.D. (Agric). Tese, Departamento de Horticultura, Instituto de Pós-Graduação, Mahatma Phule Krishi Vidyapeeth, Rahuri-413722, Dist. Ahmednagar Maharashtra, Índia.

Marr, C. e Rogers, D. (1993). Produção Comercial de Vegetais. Drip Irrigation for Vegetables.Kansas State University Agricultural Experiment Station and Extension Service.

Mmolawa, K., e Or, D. (2000) Water and Solute Dynamics under a Drip-Irrigated Crop: Experiments and Analytical Model. Trans. ASAE 43, 1597-1608

Mostaghimi, S., Mitchel, J.K., Lembke, W.D. (1981) Effect of discharge rate on distribution of moisture in heavy soils irrigated from a trickle source. Sociedade Americana de Engenheiros Agrónomos, 81, 975-980

Mualem, Y. (1976) Um novo modelo para a previsão da condutividade hidráulica de meios porosos não saturados. Water Resour. Res., 12, 513-522

Namara, Regassa E., Upadhyay, Bhawana e Nagar, R. K. (2005) Adoção e Impactos das Tecnologias de Microirrigação: Empirical Results from Selected Localities of Maharashtra and Gujarat States of India, *Research Report 93*, International Water Management Institute, Colombo, Sri Lanka

Narayanamoorthy, A. (1996). Avaliação do sistema de irrigação por gotejamento em Maharashtra. Série Mimeograph no. 42, Centro de Investigação Agro-Económica, Instituto Gokhale de Política e Economia, Pune, Maharashtra.

Narayanamoorthy, A. (1996). Avaliação do sistema de irrigação por gotejamento em Maharashtra. Série Mimeograph no. 42, Centro de Investigação Agro-Económica, Instituto Gokhale de Política e Economia, Pune, Maharashtra.

Narayanamoorthy, A. (2003). Evitando a crise de água pelo método de irrigação por gotejamento: Um estudo de duas culturas intensivas em água. *Indian Journal of Agricultural Economics*, **58**(3): 427-437.

Narayanamoorthy, A., e P. Jothi. (2018). Economia de água e benefícios de produtividade do SRI: um estudo de tanque, canal e configurações irrigadas por água subterrânea no sul da Índia. *Política da Água.***21**(1)

Patel, N. and Rajput, T.B.S. (2008) Dynamics and modeling of soil water under subsurface drip irrigated onion, Agricultural Water Management, 95 (12), 1335-1349

Peterson, JM.andDing, Y. (2005).Economic adjustments to groundwater depletion in the high plains: Os sistemas de irrigação com poupança de água poupam água. *J Agric Econ*, **87**:147-159.

Provenzano, G. (2007) Using HYDRUS-2D Simulation Model to Evaluate Wetted Soil Volume in Subsurface Drip Irrigation Systems, Journal of Irrigation and Drainage Engineering, 133 (4), 342-349

Qureshi, M.E., Wegener, M.K., Harrison, S.R. and Bristow, K.L. (2001) Economic evaluation of alternate irrigation systems for sugarcane in the Burdekin delta in North Queensland, Australia, In: Water Resource Management, Eds: C.A. Brebbia, K. Anagnostopoulos, K. Katsifarakis e A.H.D. Cheng, WIT Press, Boston, pp. 47-57.

Radcliffe, D.E., Šimůnek, J. (2010) Física do solo com modelação e aplicações HYDRUS. CRC Press, Taylor & Francis Group, Boca Raton, 373 p.

Raina JN, Thakur BC e Bhandari AR.(1998). Efeitos da irrigação por gotejamento e cobertura plástica na produtividade, qualidade e eficiência do uso da água no tomate. *Anais do Seminário Nacional sobre Pesquisa de Microirrigação na Índia, Bhubaneswar:* 175-82.

Raina, A. N., Thakur, B. C. e Bhournal, A. R. (1998). Efeito da irrigação por gotejamento e cobertura plástica na produtividade, eficiência do uso da água e relação custo-benefício do cultivo da ervilha. *Jornal da Sociedade Indiana de Ciência do Solo,* **46**(4): 562-567.

Salvin, S., Baruah, K. e Bordoloi, S. K. (2000). Estudos de irrigação por gotejamento em banana cv. Barjahaji (grupo Musa AAA, subgrupo Cavendish). *Crop Res. (Hissar),* **20**(3): 489-493.

Sandhu, B.S.,Khera, K.L. e Ranjan, M.S.(1992). Resposta do feijão mungo de verão à irrigação e à cobertura morta com palha num solo de areia argilosa no norte da Índia. *Journal of the Indian Society of Soil Science,* **40**(2): 240 - 245.

Schultheis, B. (2005). Maintenance of Drip Irrigation Systems, University of Missouri Extension.Availableat:http://extension.missouri.edu/webster/irrigation/Maintenance_of_Drip_Irrigation_Systems.HDT.pdf verified 12/ (2012).

Schwartzman, M. e Zur, B. (1986) Emitter spacing and geometry of wetted soil volume. J. Irrigat. Drain. Eng., 112, 242-253

Shareef, T., Ma, Z. e Zhao, B. (2019).Essenciais do sistema de irrigação por gotejamento para economizar água e nutrientes para as raízes das plantas: Como um guia para os produtores. *Jornal de Recursos Hídricos e Proteção*, **11**:1129-1145.

Singh, J., Singh, A.K. e Garg, R (1995). Situação atual da irrigação por gotejamento na Índia. Anais do Workshop sobre Sistemas de Irrigação por Aspersão e Gotejamento, realizado de 8 a 10 de dezembro de 1993 em Jalgaon, Índia.pp.11-15.

Sivanappan, R.K. (2002) Strengths and weaknesses of growth of drip irrigation in India, In: Proc. de Micro Irrigação para Agricultura Sustentável. GOI Short-term training 19-21 junho, WTC, Tamil Nadu Agricultural University, Coimbatore.

Tagar, A., Chandio, F.A., Mari, I.A. e Wagan, B. (2012).Estudo comparativo dos métodos de irrigação por gotejamento e por sulco no campo do agricultor em Umarkot.*World Academy of Science, Engineering and Technology,***69**:863-867.

Vermeiren, I e Jobling, G.A. (1980). Irrigation and Drainage Paper 36, FAO.

Yohannes F. e Tadesse T. (1998): Efeito da irrigação por gotejamento e por sulco e do espaçamento entre plantas na produtividade do tomate em Dire Dawa, Etiópia. *Agricultural Water Management*, **35**: 201-207.

Buy your books fast and straightforward online - at one of world's fastest growing online book stores! Environmentally sound due to Print-on-Demand technologies.

Buy your books online at
www.morebooks.shop

Compre os seus livros mais rápido e diretamente na internet, em uma das livrarias on-line com o maior crescimento no mundo! Produção que protege o meio ambiente através das tecnologias de impressão sob demanda.

Compre os seus livros on-line em
www.morebooks.shop

Printed by Books on Demand GmbH, Norderstedt / Germany